U0378354

结构力学

周维莉　李永强　主　编
李　贤　米海珍　副主编

清华大学出版社
北京

内 容 简 介

《高等学校土木工程本科指导性专业规范》中对教材的要求是:"基础课程尽量选用适合学校办学特色的规划教材"。土木工程专业中有诸多方向,除结构方向以外,还有其他一些方向对结构力学课程的学时要求为 64~70 学时,本书就是为这些少学时方向的本科生编写的。本书的主要内容有:绪论、平面几何体系的几何组成分析、静定结构的内力分析、结构位移计算、力法、位移法、力矩分配法及影响线。本书叙述简洁、框架清晰,例题和习题较为丰富。

本书可作为高等学校土木工程专业少学时结构力学课程的本科教材,也可供土木工程行业的相关技术人员参考使用。

图书在版编目(CIP)数据

结构力学/周维莉,李永强主编.—北京:清华大学出版社,2021.8
ISBN 978-7-302-58461-2

Ⅰ.①结… Ⅱ.①周… ②李… Ⅲ.①结构力学-高等学校-教材 Ⅳ.①O342

中国版本图书馆 CIP 数据核字(2021)第 121286 号

责任编辑:秦 娜
封面设计:陈国熙
责任校对:王淑云
责任印制:丛怀宇

出版发行:清华大学出版社
      网 址:http://www.tup.com.cn,http://www.wqbook.com
      地 址:北京清华大学学研大厦 A 座 邮 编:100084
      社 总 机:010-62770175 邮 购:010-62786544
      投稿与读者服务:010-62776969,c-service@tup.tsinghua.edu.cn
      质量反馈:010-62772015,zhiliang@tup.tsinghua.edu.cn
印 装 者:三河市龙大印装有限公司
经 销:全国新华书店
开 本:185mm×260mm 印 张:12.75 字 数:305 千字
版 次:2021 年 9 月第 1 版 印 次:2021 年 9 月第 1 次印刷
定 价:39.80 元

产品编号:090021-01

前　言

　　本书是为土木工程专业少学时方向本科生编写的。几位编者都是从事这方面教学的一线教师,对学生的情况极为熟悉,基于多年的教学经验,书中保持结构力学基本理论的系统性和完整性,贯彻少而精、理论联系实际,可满足教学需求。

　　"结构力学"已是一门很成熟的专业基础课,编写一本所谓新的教材不易体现出多少特色。基于学生们反馈的意见和学习中的问题,本书在编写过程中特别注意了以下几点:

　　(1) 叙述尽量简洁通俗,先明确提出问题,再分析阐述解决问题的方法和途径;

　　(2) 每章做出小结,不仅归纳本章概念及内容,也注重对某些问题解题方法的总结;

　　(3) 由于是探讨平面结构的课程,故特别强调各种结构受力的特性;

　　(4) 注重例题的典型性,选编了较多有代表性的习题,用于读者练习。

　　同时编者希望本书使用起来更加方便,使读者能稍感轻松并对结构的受力特性和特点更加清楚。

　　本书内容是结构静力学部分,主要包括:绪论、平面几何体系的几何组成分析、静定结构的内力分析、结构位移计算、力法、位移法、力矩分配法及影响线,满足《高等学校土木工程本科指导性专业规范》对少学时方向的要求。

　　由于编者水平有限,加之本科教育不断发展变化,虽然做了一定的努力但一定还会有不妥之处和需要探讨的地方,希望使用本教材的老师和学生提出批评和建议,我们将不断完善并改进本书内容。

编　者

2021 年 3 月

第**1**章

绪　　论

1.1　结构力学的研究对象和任务

建筑物或构筑物中用以支承或传递荷载的骨架部分称为结构,如房屋中的梁、柱、板,大桥上的箱形梁,隧道中的衬砌圈,以及水利工程中的闸门、渡槽等。

结构又按其几何形状分为:杆件结构(如房屋中的梁和柱)、板壳结构(如屋面结构和楼板)以及实体结构(亦称块体结构,如水电工程中的混凝土大坝)等。当然,这些结构都是从实际工程中提炼简化出来的,这些简化有其一定的条件和精度要求。

本课程专门讲授平面杆件结构的受力分析。杆件的几何特征是柱状体(或棒状),其长度方向尺寸比横截面尺寸要大很多倍。这门课程的主要任务有:

(1) 选择合理的结构计算简图(由工程中简化而来);

(2) 分析结构的组成规律及合理形式;

(3) 求结构的内力(有时包括应力)和变形(位移及应变状态);

(4) 由(3)的结果作结构的强度和刚度验算,以达安全使用之目的。

也就是说,结构力学研究结构的组成规律、合理形式及在外荷载作用下各杆件的强度、刚度及稳定性,其目的在于保证结构各部分不产生相对运动,承受外荷载后能稳定地维持平衡(正常使用)。

结构力学是土木工程专业的一门专业基础课,且为该领域所有专业方向学生的必修课程,在课程体系中占有极重要的地位。结构力学是一般杆件结构力学分析的工具,是钢筋混凝土结构、钢结构理论学习的基础,也是建筑及土木工程材料等专业方向必须学习的基础知识。

学习结构力学时,一要注意其对问题的分析方法与解决问题的思路;二要多做练习,这是掌握结构力学的重要环节和不二窍门,不做较多习题是不可能融会贯通其中的概念、原理和方法的,更谈不上解决实际问题。

1.2　杆件结构的计算简图

实际工程结构较为复杂,无法对其直接进行力学分析,也就不可能做出具体的工程设计,必须对其进行简化并提炼出力学计算简图。计算简图是按主次因素对实际的建(构)筑物作理论抽象工作,使其符合以下要求:

(1) 能反映实际结构的主要受力性能(越接近实际工程越好),显示其基本特征;

（2）便于计算（分析出主要问题，得到设计中用到的主要量化指标，不是越简便越好）。

如图 1-1(a)所示为实际工程，图 1-1(b)为简化后的结构计算简图。由梁的支座条件及受荷情况，得到计算简图并求出梁的弯矩和剪力，就可以进行梁的截面尺寸和配筋设计了。

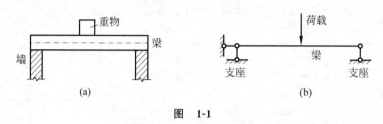

图　1-1

一般工程中的建筑物和构筑物涉及构件之间的连接，以及结构物置于地基（或其他支座）上的支承情况，下面将从这些方面作分类简化，以便作计算简图之用。

1. 结构体系的简化

实际的结构是三维的，这是较难计算的。在大多数情况下可以将其简化为平面结构（即所有构件在同一平面内）。故本书讲述平面杆件结构的受力分析。

2. 杆件的简化

对杆件截面的变形仍采用材料力学的假设，认为截面在变形过程中保持为平面，截面上的内力只沿杆长变化，故不论直杆或曲杆均用其轴线表示。

3. 结点的简化

杆件与杆件的连接可简化为以下几类。

1) 刚结点

如图 1-2 所示，工程中若在 A 点钢筋横竖相交（即两个方向相互插入）且用混凝土现浇为整体，可将其简化为刚结点，该刚结点的变形特性如图 1-2(b)所示，A 点处两杆之间能相互传递力和力矩（即 A 点处相较于 AB 和 BC 杆抵抗变形能力要强一些，故保持原角度不变）。

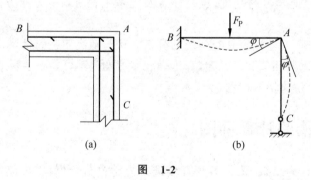

图　1-2

2) 铰结点

如钢结构中的螺栓连接、桥梁中的枢接结点、木屋架的结点等，其特点是只（主要）传递杆件之间的轴力而不传递力矩(可忽略),如图 1-3 所示,这些结点称为铰结点。

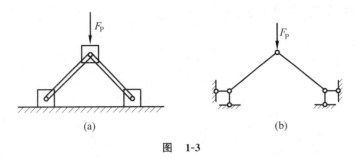

图 1-3

3)组合结点

在一个结点处,三根及以上杆件汇交时,有时有铰结也有刚结。图 1-4 中 *AC* 杆与 *CB* 杆刚结,*CD* 杆与它们铰结。工程中杆件结构结点的简化已有公认的作法,需多留心注意。

4. 支座的简化

支座是构件外部(如地基、墙体等)对构件本身的约束,由约束的受力特点简化出一些理想情况,按其约束效应可分为以下 5 种。

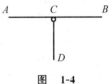

图 1-4

(1)活动铰支座 只允许在支承平面内绕此点转动和沿支承平面水平方向移动,且支座处反力的作用点和方向是明确的,大小不定。这种支座可用一根垂直于支承平面的链杆表示,如图 1-5(a)所示。

(2)固定铰支座 只允许绕此点转动不能有任何方向的线位移,且支座处反力的作用点明确,其大小和方向不定。这种支座用两根不平行的链杆表示,如图 1-5(b)所示。

(3)固定支座 不允许此点有任何的线位移和角位移(如悬臂梁固定端),其反力大小、方向和作用点均未知,如图 1-5(c)所示。

(4)定向支座 只允许此点有平行于支承面的沿轴线方向的线位移,其反力为一个垂直于支承面的集中力和一个力偶,如图 1-5(d)所示。

(5)弹性支座 若考虑支座本身的变形(弹性范围内),支座就会随支承力大小而产生位移,其产生的反力和力偶称为刚度系数,这种情况又分为抗移动弹性支座和抗转动弹性支座,如图 1-5(e)、(f)所示。

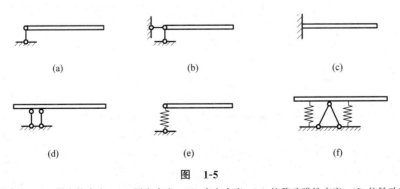

图 1-5

(a)活动铰支座;(b)固定铰支座;(c)固定支座;(d)定向支座;(e)抗移动弹性支座;(f)抗转动弹性支座

1.3　平面杆件结构的分类

按不同的构造物特性和受力特点,将平面杆件结构分为 5 类,如图 1-6 所示。

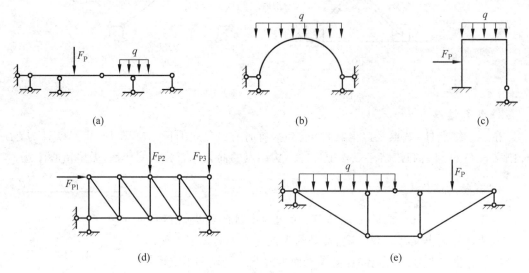

图 1-6　平面杆件结构分类
（a）梁；（b）拱；（c）刚架；（d）桁架；（e）组合结构

（1）梁　一根杆件,两端被约束(支座或其他杆件),受到横向力(垂直于杆轴线)作用的构件,一般其截面内会产生弯矩、剪力和轴力。

（2）拱　杆件为曲线形状,组成拱形结构。在竖向荷载作用下,拱截面上的弯矩远小于跨度、荷载和支承条件相同的梁截面弯矩,拱截面以受轴力为主。

（3）刚架　由柱和梁组成,且梁柱各结点为刚结点。该结构杆件内力有弯矩、剪力和轴力,且以弯矩为主。

（4）桁架　由直杆在各结点铰结而成的结构。在只受到结点集中荷载时,各杆件只产生轴力。

（5）组合结构　在这种结构中,某些杆件承受弯矩、剪力、轴力,这类杆件为梁式杆;而另外一些杆件只承受轴力,这类杆件为链式杆。这要根据外荷载作用和约束条件来区别。

1.4　荷载的分类

荷载是作用在结构上的外力,如结构自重、房屋工程中梁所承受的重量、房间内可能放置的重物、挡土结构上的土压力以及公路桥梁上的车辆负重等。作用在结构上的荷载,还存在一些其他形式的荷载,除这些主动荷载外,结构本身受其他因素的影响,如温度变化引起的膨胀,基础的沉陷、结构材料本身的收缩及徐变等,也称为广义荷载,因为它们在一定条件下会引起结构内力。

荷载可按其作用时间和作用性质进行分类:

1）按作用时间分类

（1）恒荷载　长期作用在结构上的不变荷载，如自重、土压力等。

（2）活荷载　短时间或某一期间作用在结构上且可变的荷载，如人群、楼面受到的风力、屋顶的雨、雪荷载等。

考虑结构上这些荷载时，恒荷载和大部分活荷载的位置是固定的，称之为固定荷载；有些荷载在结构上的位置是不断变化的，如厂房中移动的吊车、桥梁上的车辆等，称之为移动荷载。

2）按作用性质分类

（1）静力荷载　其大小、方向和位置不随时间发生变化，或认为变化很小可以忽略。不考虑动力效应（惯性力极小或说加速度极小被忽略）的荷载均为静力荷载。

（2）动力荷载　其特点从本质上说，就是以一定加速度作用到结构上的荷载，故应考虑惯性力的影响，如动力机械运转时产生的荷载，波浪对堤岸的冲击，地震时由地基传到建（构）筑物上的地震波等。

荷载的确定常常较为复杂，只有确定了实际的荷载才能据此设计出结构各部分构件的尺寸，因此，荷载的确定是十分重要的。工程中长期实践并总结出一些经验，形成了现在的国家荷载规范（在有些专业作为较少学时课程开设），供设计时查用。即便如此，在某些情况下仍需深入现场，调查研究，才能合理准确地确定荷载。

第 2 章

平面几何体系的几何组成分析

工程中的结构是用来支承或传递荷载的,因此结构的几何形状和位置必须是稳定不变的。在此状态下的结构体系称为几何不变体系。结构体系几何组成分析的目的就是保证结构几何图形的不变形性质,同时还有助于确定内力分析的顺序和选择计算方法。

在几何组成分析中不考虑杆件材料的应变,因此所有杆件(构件)都被视为刚性的。在分析平面体系的几何组成时,只从体系机械运动的自由度和所受约束两个方面作分析考查。

2.1　基本概念

1. 几何不变体系和几何可变体系

在不考虑杆件自身变形的情况下,杆件结构体系受到外荷载作用时,有唯一确定的几何形状和位置,则该体系为几何不变体系。反之,则杆件结构体系被称为几何可变体系。图 2-1(a)、(c)为几何不变体系;图 2-1(b)、(d)为几何可变体系。

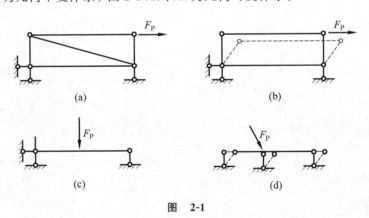

图　2-1

几何构造分析就是要使所设计的杆件结构具有不变性(即几何不变体系),只有如此,才能保证结构能承担荷载并保持稳定性。

2. 刚片

刚片即平面内的一个刚体,本身无几何变形(即本身各点之间的相对位置保持不变)。杆件结构中任一杆件或由若干杆件组成的几何不变部分都可视为刚片。

3．自由度

结构体系运动时可以单独改变的几何坐标数被称为自由度（用 s 表示）。平面上一个点的自由度为 2（它有两个坐标参数 x,y）；平面上一个刚片的自由度为 3（两个坐标参数 x,y 和一个转动角参数 θ）。显然，一般体系的自由度大于或等于 0，若体系的自由度等于 0，则体系是几何不变的；若其自由度大于 0，则体系应为几何可变体系。

4．约束

结构体系中减少结构自由度的装置称为约束。常用的约束及约束作用如下所述。观察图 2-2 中三种约束所起的作用。

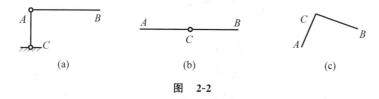

图　2-2

图 2-2(a) 中链杆 AC 将梁 AB 与地基连接，此时梁 AB（可看成刚片）原来在平面内的 3 个自由度被减为 2 个（即现在的运动方式只有两种，一是梁 AB 可绕 A 点转动，二是 AC 链杆能绕 C 点转动），即链杆相当于 1 个约束。图 2-2(b) 中梁 AC 和梁 CB 铰结后，当梁 AC 有 3 个自由度时，梁 CB 相对于梁 AC 就只能有 1 个自由度（即可绕 C 点转动），因此原来梁 AC 和梁 CB 的 6 个自由度减为 4 个自由度，即 1 个铰相当于 2 个约束。图 2-2(c) 中刚片 AC 和刚片 CB 在 C 点刚结，则 2 个刚片此时成为 1 个刚片，自由度由原来的 6 个减为现在的 3 个，故 1 个刚结点相当于 3 个约束。

约束还分为内约束和外约束。在结构体系内部的约束（即各结构之间或结构内构件相互之间的连接）称为内约束；将整个结构连接到地基上时（如采用各杆件支座连接），地基对结构的约束称为外约束。

图 2-3 中 A、B 两点对结构体系的约束是外约束，其余各点（C 点、D 点、E 点、F 点）均为内约束。注意 A 点是 3 个铰，B 点是 2 个铰，要分清内部和外部约束，如 AC 杆与 AD 杆在 A 点的连接为内约束，在 A 点将结构连接到地基上的两链杆为外约束，B 点具有同样的特征。

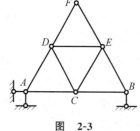

图　2-3

5．必要约束和多余约束

若在一结构体系中去掉某个约束，致使其自由度数目发生改变，则此约束为必要约束；但若增加或去掉某个约束，该结构体系的自由度数目不变，则此约束为多余约束。

在图 2-4(a) 中若去掉 AC、AD 和 BE 三根链杆中的任意一个，则梁 AB 的自由度就从原来的 0 变为 1，所以这三根链杆全为必要约束。在图 2-4(b) 中若去掉 AD、EF、BG 三根链杆中的某一根，梁 AEB 的自由度仍为 0，那么这三根链杆中必有多余约束，若去掉两根则梁 AEB 就具有 1 个自由度，这说明该结构体系有多余约束且只有 1 个，它是 AD、EF 和

BG 链杆中的任一根。那么,能否只去掉链杆 AC 呢?不能。因为去掉链杆 AC 后梁 AEB 将有沿 AEB(水平)方向作微小位移的可能。由此看来,AC 链杆为必要约束。在图 2-4(c) 中,显然梁 AB 可沿 B 点(在垂直方向上)发生极微小转动,因为在 B 点梁 AB 截面的切线与链杆 BE 的切线相同,都在竖向,故 BE 链杆和梁 AB 在 B 点可有竖向的微小位移。与图 2-4 (a)相比约束链杆数相同,但在 B 点的链杆约束方向差 90°,造成了 BE 或 AC 两链杆中有任一多余约束。

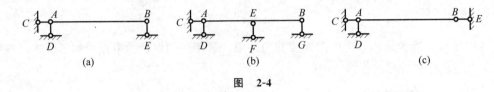

图　2-4

6. 瞬铰或虚铰

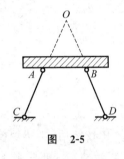

图　2-5

分析图 2-5 的情况,将一刚片 AB 用两链杆连接于地基上,刚片 A 点和 B 点可以分别发生垂直于 AC 链杆和 BD 链杆的微小位移,也即相当于刚片可以绕 O 点有一微小转动,O 点称为瞬时转动中心(简称瞬心)。由此,看到两根链杆对刚片的约束作用相当于 O 点一个铰的作用,但位移是微小的。由于这不是由两链杆直接铰结形成的铰,是其延长线在远处相交,但有铰的作用,能引起微小转动,故称此类铰为瞬铰或虚铰。

2.2　几何不变体系的组成规律

平面杆件结构设计必须达到稳定的目的,也即杆件结构体系必须是几何不变的。如何才能达到呢?从几何学的角度来看,三角形的形状是用杆件最少且几何形状是无多余约束的几何不变体系。由此出发,给出三条组成几何不变且无多余约束的规律。

规律 1:从某点出发用两根链杆与一刚片相连,且两链杆不在同一直线上(图 2-6(a))。

规律 2:两刚片以一铰和不通过该铰的一根链杆相连,或用三根既不平行又不相交于一点的链杆相连(一铰与两根不平行链杆等价)(图 2-6(b))。

规律 3:三刚片用不在一直线上的三个铰两两相连(图 2-6(c))。

若对上述规律进行概括,可叙述为一条规律:若三个铰不共线,则所组成的三角形形状的杆件体系是无多余约束的几何不变体系。实际上图 2-6(a)、(b)、(c)中均有三个铰,这一规律称为几何不变体系的三角形规律。

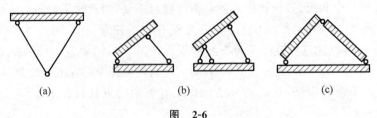

图　2-6

有了以上规律,可利用这些规律来构造无多余约束的几何不变体系,如图 2-7 所示。

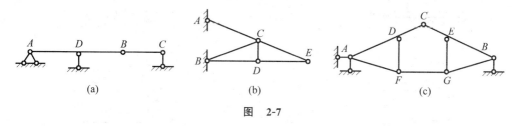

图　2-7

如图 2-7(a)所示结构,左边 AB 简支梁(连同地基一起)是无多余约束的几何不变体系,可以将其看作一个刚片,将 BC 梁也看作一刚片,这两刚片用 B 点的铰和 C 点链杆连接于 AB 简支梁和地基形成的刚片上,符合规律 2,应为无多余约束且几何不变体系。

如图 2-7(b)所示结构,将地基和 AC、BC 两杆看作三刚片,按规律 3 来判断应为无多余约束的几何不变体系,看作一刚片。D 点是用两链杆连接到 ABC 上的一个点,故进一步构成更大的刚片,E 点同理,故该体系为无多余约束的几何不变体系。

如图 2-7(c)所示结构,可将 $AFDC$ 看作一个刚片(三杆用不共线三铰相连),同理,$BGEC$ 为另一个刚片,这两刚片用 C 点一铰和 FG 链杆连接,按规律 2 来判断的话,应是一个无多余约束的几何不变体,即这些杆件构成了一个刚片。最后,用 A、B 两点三根不共线或不交于一点的链杆(或认为是 A 点一铰 B 点一链杆)连接于地基上,故整个体系为无多余约束的几何不变体系。

2.3　几何不变体系

若结构体系为不满足前节所述三规律时,则为几何可变体系。几何可变体系又可分为几何常变体系和几何瞬变体系,尤其瞬变体系有时较难判断,将其归类总结如下。

首先引入几何学知识:平面上不同方向直线的端点(无穷远点)的集是一条直线(或者说,这些端点都在同一条直线上),称为无穷远直线,任何有限远点都不在此直线上。以此为理论基础得出:

(1)若一链杆所在的直线过某铰的铰心,则体系为几何瞬变体系(图 2-8(a))。

(2)三根链杆常交于一点则体系为几何常变体系(图 2-8(b))。若三链杆等长且在无穷远处可形成虚铰,则体系为常变体系(图 2-8(c))。

(3)三根链杆瞬交于一点则体系为几何瞬变体系(图 2-8(d))。若三链杆不等长,当有微小移动后不再形成虚铰,则体系为几何瞬变体系(图 2-8(e))。

(4)若三铰共线且全为有限远铰则体系为几何瞬变体系(图 2-8(f))。若不论实铰或虚铰全在有限远处,且处于一条直线上,则体系为几何瞬变体系(图 2-8(g)、(h))。

(5)若三铰共线且其中含有无穷远虚铰,则体系为几何可变体系,是常变还是瞬变需具体分析。

再强调一次,体系初始是可变的,但经微小移动后就成为不可变体系,则为瞬变体系。可仔细思考观察图 2-8 来体会此点。

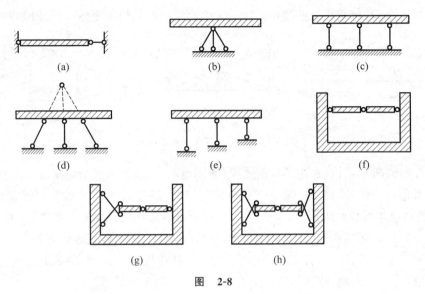

图　2-8

(a)、(d)、(e)、(f)、(g)、(h) 瞬变；(b)、(c) 常变

对于结构体系的几何分析中含有无穷远虚铰的情形给出下面的判别结论：

(1) 结构几何体系中含有一个无穷远虚铰,两个有限远铰。若两个有限远铰的连线与形成虚铰的方向一致,则为几何瞬变体系。

(2) 结构几何体系中含有两个无穷远虚铰,一个有限远铰。构成这两个无穷远虚铰的4根链杆全部平行但不全等长,则为几何瞬变体系。

(3) 结构几何体系中含有三个无穷远虚铰。若组成虚铰的每两根链杆不全为等长的,则为几何瞬变体系；若组成各虚铰的两根链杆等长,则为几何常变体系。

例 2-1　试对图 2-9 中各体系进行几何组成分析。

解：图 2-9(a)中先将 AB、AD 杆连接的 A 点去掉(亦称为二元体),不影响原体系性质。BEF 为一刚片,用 BC 杆和 CE 杆连接 C 点,再用相同办法连接 G 点,形成新的刚片 $BCEFG$；右边 $CDHI$ 为一刚片；这两刚片用 C 点的铰和链杆 GH 连接。一铰一链杆且链杆不通过铰心,故该体系为内部无多余约束的几何不变体系。

图 2-9(b)中 AFG 为一刚片,依次连接二元体系 B 点、H 点及 C 点,形成刚片 $ABCHGF$；右边 $DEJI$ 为一刚片,但其中多了一根杆件(6 根杆件任一根均可作为多余约束)。左边刚片和地基的连接为一铰(F 点)一链杆(H 点)形成无多余约束的几何不变体系(类似简支梁)；再用三根链杆连接右边刚片(CD 杆、HI 杆及 J 点链杆),刚好组成无多余约束的几何不变体系。但右边刚片 $DEJI$ 中有一根为多余约束(内约束),故该体系为有一个多余约束的几何不变体系。

图 2-9(c)中将 AC 杆、BD 杆和地基分别看作刚片Ⅰ、刚片Ⅱ和刚片Ⅲ。刚片Ⅰ和刚片Ⅱ由 AB 杆和 CD 杆连接形成一个虚铰；刚片Ⅰ和刚片Ⅲ由 AE 杆和 CE 杆连接形成铰(E 点)；刚片Ⅱ和刚片Ⅲ由 DF 杆和 BG 杆连接形成一个虚铰。讨论三个铰所形成的几何位置可得结论,两虚铰在无穷远处,且不与实铰(E 点)在一条直线上,故该体系为无多余约束的几何不变体系。

图 2-9(d)中 *AD* 杆虽为曲杆，但所起作用与 *AD* 两铰之间为直杆是一样的，所以可将 *AD* 曲杆看作一链杆，*CG* 杆同理；之后将 *AEB* 看作刚片Ⅰ、*BFC* 看作刚片Ⅱ、地基为刚片 Ⅲ。那么刚片Ⅰ与刚片Ⅱ由铰 *B* 连接；刚片Ⅰ与刚片Ⅲ由 *AD* 链杆和 *E* 点处的链杆连接，形成虚铰；刚片Ⅱ与刚片Ⅲ由 *CG* 链杆和 *F* 点处的链杆连接，形成虚铰。显然这三铰不在同一直线上，故该结构体系为无多余约束的几何不变体系。

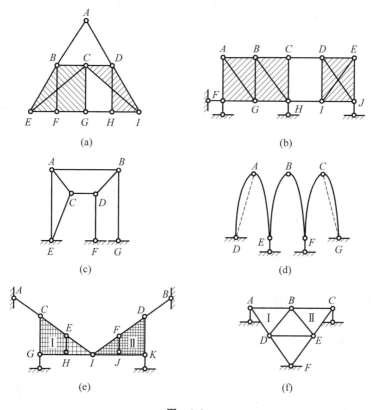

图 2-9

图 2-9(e)中杆 *GHI*、杆 *IE* 和杆 *EH* 构成三角形刚片，再在其上固定 *C* 点构成一新的刚片 *GHIEC*；由于对称，右边的 *IJKDF* 也为一刚片，左边记为刚片Ⅰ，右边记为刚片Ⅱ，地基记为刚片Ⅲ。则刚片Ⅰ与刚片Ⅱ在 *I* 点铰结，刚片Ⅰ与刚片Ⅲ通过 *G* 点的链杆以及 *AC* 杆连接，形成的铰在 *C* 点；同理，刚片Ⅱ和刚片Ⅲ连接形成的铰在 *D* 点。这三铰不共线，所以该结构体系为无多余约束的几何不变体系。

图 2-9(f)中 *ABD* 和 *BCE* 是两个三角形刚片，分别记作刚片Ⅰ和刚片Ⅱ，刚片Ⅰ和刚片Ⅱ用铰 *B* 和 *DE* 链杆连接成为刚片。再用 *DF* 和 *EF* 链杆将 *F* 点固定其上，显然整个结构为一刚片。固定到地基上时用了两链杆（*A* 点和 *C* 点）和一铰（*F* 点），所以，该结构体系为有一多余约束的几何不变体系。

例 2-2　对图 2-10 所示结构体系作几何组成分析。图中四根杆件等长，图 2-10(b)中支座链杆全在与水平方向成 45°角的位置。

解：将图 2-10(a)中的 *AB* 杆和 *CD* 杆分别看作刚片Ⅰ和刚片Ⅱ，将地基看作刚片Ⅲ。

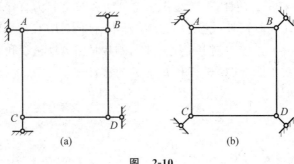

图　2-10

刚片Ⅰ与刚片Ⅱ由链杆 AC 和 BD 连接形成无穷远虚铰；刚片Ⅰ和刚片Ⅲ由 A、B 两点的两根链杆连接,形成的铰心在 B 点；刚片Ⅱ和刚片Ⅲ由 C、D 两点的两根链杆连接,形成的铰心在 C 点。显然 B、C 两点连线与无穷远虚铰方向不一致,该结构体系为几何不变体系,且无多余约束。

将图 2-10(b)中 AB 杆和 CD 杆看作刚片Ⅰ和刚片Ⅱ,将地基看作刚片Ⅲ。刚片Ⅰ和刚片Ⅱ由链杆 AC 和 BD 连接,形成无穷远虚铰；刚片Ⅰ和刚片Ⅲ由 A、B 两点链杆连接,形成的铰心位于该正方形中心；刚片Ⅱ和刚片Ⅲ由 C、D 两点的两根链杆连接,形成的铰心亦位于该正方形中心。显然,该结构体系为几何瞬变体系。

由该例可知,即便是同样的结构,不同的约束也会有不同的效果。

2.4　平面体系的自由度

对结构体系进行分析时,需知道体系的自由度数目、约束数目,以及明确多余约束的情况,以便于确定体系的几何可变性。为此,下面建立这些数量间的关系。

记 W 为计算自由度,a 为体系的总自由度,d 为体系的总约束数,总约束数又分为必要约束数 c 和多余约束数 n,s 为实际自由度,按定义可知：

$$W = a - d \tag{2-1}$$

$$d = c + n \tag{2-2}$$

$$s = a - c \tag{2-3}$$

考虑式(2-2),则式(2-1)可写成：

$$W = a - (c + n) = a - c - n \tag{2-1'}$$

若结构体系为几何不变体系,则实际自由度必为零($s = 0$ 相应于 $a = c$),有：

$$W = -n \tag{2-4}$$

还知道一个刚片有 3 个自由度,一个刚结点的约束数为 3,一个铰结点的约束数为 2,一根链杆的约束数为 1,那么,结构体系的计算自由度应为

$$W = 3m - (3g + 2h + r) \tag{2-5}$$

其中,m 为刚片数,g 为刚结点数,h 为铰结点数,r 为约束链杆数,g 和 h 为内约束,r 为外约束。该公式用于计算时,注意分清结点上的刚结点数和铰结点数。一个铰结点处若为二杆铰结,则是 1 个铰,三杆铰接时则为 2 个铰,依次类推。刚结点仿此计算。

计算自由度的结果有下面三种情形：

（1）$W>0$，体系缺少必要的约束，是几何可变体系；

（2）$W=0$，体系不一定是几何不变的，因为体系只具有几何不变所需的最少约束数，不知这些约束是否全部合理恰当；

（3）$W<0$，体系不一定是几何不变的，因为不确定体系中的约束是否合理恰当。

由此看出，对一结构体系进行计算自由度的计算后，当 $W>0$ 时有确切结论，其他两种情况还应具体分析才可得出结论。

例 2-3　求出如图 2-11 所示结构体系的计算自由度。

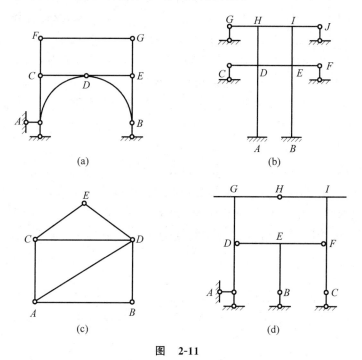

图　2-11

解：如图 2-11(a)所示体系中有刚片 9 个（GF、FC、GE、CD、DE、CA、AD、EB、DB），铰结数 11 个（A 点 1 个、B 点 1 个、C 点 2 个、D 点 3 个、E 点 2 个、F 点和 G 点各 1 个），约束数 3 个（A 点 2 根链杆、B 点 1 根链轩），所以该结构计算自由度为

$$W=3\times9-(2\times11+3)=2$$

如图 2-11(b)所示体系中刚片 10 个（GH、HI、IJ、CD、DE、EF、HD、IE、DA 和 EB），刚结点 10 个（H 点 2 个，I 点 2 个，D 点 3 个，E 点 3 个），约束数 10 个（G、J、C、F 点各 1 根链杆，有 4 个约束，A、B 两点（刚结）各为 3 个约束），所以该结构计算自由度为

$$W=3\times10-(3\times10+10)=30-40=-10$$

如图 2-11(c)所示体系中有刚片 7 个，铰结数 9 个（E 点 1 个，C 点 2 个，D 点 3 个，A 点 2 个，B 点 1 个），所以该结构计算自由度为

$$W=3\times7-2\times9=3$$

此体系较为简单，显然，它是一个刚片或说是一个几何不变体系，但它未与基础相连接，故图 2-11(c)仍有 3 个自由度。若用简支梁的方式在 A、B 两点用三根不同线的链杆连接于

地基的话,刚好 $W=0$,此时结构为一几何不变体系。

如图 2-11(d)所示体系中有刚片 9 个(AD、BE、CF、DE、EF、DG、FI、GH 和 HI);刚结点 6 个(D 点 1 个、E 点 2 个、F 点 1 个、G 点和 I 点各 1 个);铰结点 3 个(D 点 1 个、F 点 1 个、H 点 1 个);约束数为 4(A 点 2 根链杆、B 点和 C 点各 1 根链杆)。所以该结构计算自由度为

$$W = 3 \times 9 - (3 \times 6 + 2 \times 3 + 4) = -1$$

本题中 G 点和 I 点外伸部分可以这样看:

① 看作一小段杆件,则它们刚结于体系上构成更大刚片,不影响体系自由度;

② 看作 GH 和 HI 的外伸部分,是一根杆件也不影响体系自由度。

注意:① 每个结点处必是杆件连接处,如图 2-11(a)中 E 点,此处有杆件 3 根:GE、DE 和 BE。②确定每个结点处的结点数,连接 n 个杆件的结点相当于 $n-1$ 个简单结点,如图 2-11(a)中 C 点处有 3 根杆件相交为 2 个铰(CF 与 CA 铰结后再与 CD 铰结);图 2-11(d)中 D 点为三杆汇交于此,有 2 个结点,一刚结一铰结。

关于多余约束和瞬变体系再做一点说明,加深读者对于这两个概念的理解。

如图 2-12(a)所示平面内一个自由点 A,用 AB 和 AC 两链杆连接于地基上成为无多余约束的几何不变体系。若再增加一根链杆 AD(图 2-12(b)),按公式计算自由度为 -1,但点 A 实际自由度仍然是 0。链杆 AD 没有起到减少体系实际自由度的作用,故为多余约束。再如图 2-12(c)所示结构体系,点 A 同样是用两根链杆连接在地基上,由于两链杆在同一直线上,点 A 可沿两圆弧的公切线方向做竖向微小运动,所以它的实际自由度为 1 而不是 0。若将图 2-12(c)结构改为图 2-12(d)的话则结构成为无多余约束的几何不变体系,图 2-12(d)与图 2-12(a)在结构上是相同的。

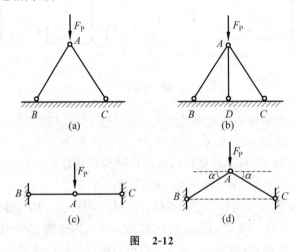

图 2-12

求解图 2-12(d)中 AB 杆和 AC 杆的轴力得:

$$F_{NAB} = F_{NAC} = \frac{F_P}{2\sin\alpha} \quad (受压)$$

当 $\alpha \to 0$ 时,图 2-12(d)的结构就变成图 2-12(c)的结构了,两根链杆的轴力将趋于无穷大,这会导致结构破坏,因此,几何瞬变体系不能作为结构使用。再看图 2-12(b)中轴力 F_{NAB} 和 F_{NAC} 应比图 2-12(a)中的要小,因为 AD 杆会承担一部分荷载,因此,多余约束是

有一定作用的,这在以后超静定问题中再做深入讲解。

几何组成分析小结

几何组成分析的目的是,研究一个杆件体系是否为几何不变体系,从而保证它能否被作为结构使用;其次,还能通过几何组成分析选择恰当的受力分析方法或分析次序对结构进行内力和位移的计算。

(1) 几个基本概念。刚片、几何不变体系、几何可变体系、自由度、约束(必要约束和多余约束)、瞬铰等。

(2) 几何体系的组成规则。以三角形形状具有稳定性为基本规律,给出了三个规律(图 2-6),这是杆件体系分析的基本且唯一的工具。以后的判别规律(这是为分析方便而给出的)实际上是相通或相同的,如将两刚片规律中的链杆也看作一刚片时,它就与三刚片规律一样了。整个分析过程中最主要的工作就是找刚片和瞬铰的分析,应通过多练习来掌握。

(3) 结构体系的计算自由度。计算时需分清内约束和外约束。若将所有约束当作相当的链杆,铰支座和定向支座均相当于 2 根链杆,固定支座相当于 3 根链杆。

(4) 几何常变和几何瞬变。书中介绍了判定规律,但可以这样来理解,当结构体系发生微小位移后三铰仍在一直线上或三链杆仍形成一铰,则为几何常变体系,否则即为几何瞬变体系。

(5) 几何组成分析的一般步骤。

① 求计算自由度 W。当 $W>0$ 时,体系必为几何可变体系;当 $W=0$ 和 $W<0$ 时,还需做具体的结构分析才可定性。

② 体系的简化。有两种次序:一种次序是由基础出发进行装配,由近及远按基本规律进行装配,直至形成整个体系;另一种次序是从内部刚片出发进行装配(即不断扩大刚片),或先在内部选取几个刚片,按基本规律装配直至形成整个体系。

③ 根据以上分析得出结论:几何不变体系(无多余约束和有 n 个多余约束)、几何可变体系(常变体系和瞬变体系)。

习题

一、判断题(对的打"√",错的打"×")

1.1　计算自由度 W 小于或等于零是体系几何不变的充要条件。(　　　)

1.2　有多余约束的体系一定是几何不变体系。(　　　)

1.3　在任意荷载作用下,仅用静力平衡方程即可确定全部反力和内力的体系是几何不变体系。(　　　)

1.4　习题 1.4 图示体系按三刚片法则分析,三铰共线,故为几何瞬变体系。(　　　)

1.5　在习题 1.5 图示体系中,去掉其中任意两根支座链杆后,余下部分都是几何不变的。(　　　)

1.6　在习题 1.6 图示体系中,去掉 1—5、3—5、4—5、2—5 四根链杆后,得简支梁 1—2,故该体系为具有 4 个多余约束的几何不变体系。(　　)

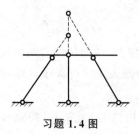

习题 1.4 图

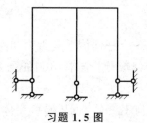

习题 1.5 图

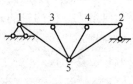

习题 1.6 图

二、简答题

2.1　多余约束是否影响体系的自由度? 是否影响体系的计算自由度?

2.2　几何组成分析中,杆件或其他约束是否可以重复使用? 为什么?

2.3　简支支承形式对被支承结构的几何组成性质无影响。此说法对吗? 为什么?

2.4　几何瞬变体系的特点是什么?

三、请对习题 3.1 图~习题 3.9 图所示平面体系进行几何组成分析。

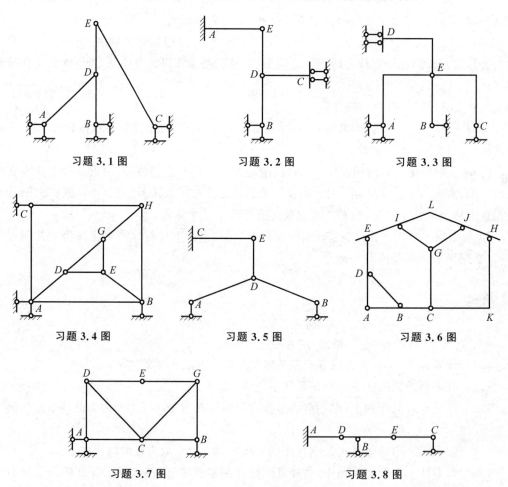

习题 3.1 图

习题 3.2 图

习题 3.3 图

习题 3.4 图

习题 3.5 图

习题 3.6 图

习题 3.7 图

习题 3.8 图

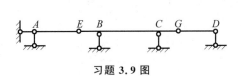

习题 3.9 图

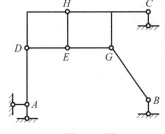

习题 3.10 图

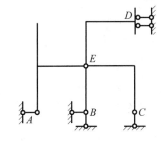

习题 3.11 图

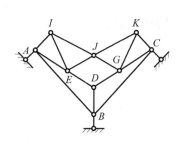

习题 3.12 图

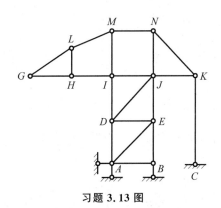

习题 3.13 图

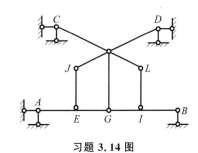

习题 3.14 图

四、计算第三题中各平面体系的计算自由度。

第 2 章习题参考答案

第3章

静定结构的内力分析

3.1 单跨静定梁

梁是一种以承受弯矩内力为主的结构体系,它的结构有多种,如图3-1所示。

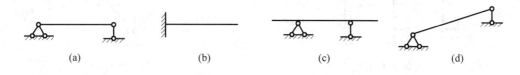

图　3-1

(a) 简支梁;(b) 悬臂梁;(c) 伸臂梁;(d) 斜梁

这些模型来自工程,若以房屋工程为例,它们依次相当于窗户上框处的过梁,雨篷的挑出部分,阳台的外挑梁以及楼梯等。

3.1.1 梁的约束反力(支座反力)及内力

单跨静定梁共有3个约束反力(支座反力),它们与梁上荷载共同构成平面一般力系,可由平面一般力系的3个平衡方程直接求出。

$$\sum F_x = 0 \qquad \sum F_y = 0 \qquad \sum M = 0 \tag{3-1}$$

支座反力未规定其正负号,在求支座反力前可在支座处任意假设其作用方向,若结果为正,则说明该支座反力的实际作用方向与假设一致,反之,则表示实际作用方向与假设方向相反。一旦求得支座反力后,再用隔离体方法求梁上某截面内力。一般将支座反力按其实际作用方向示于图上(这只是方便、直观而已)。

受荷载作用后,梁的任一截面上会产生内力,按其作用分为轴向力(简称轴力)、剪切力(简称剪力)及弯矩3个内力。轴力记为F_N,它是杆件正截面上法向应力的合力,规定拉为正、压为负;剪力记为F_Q,它是截面上切向应力的合力,规定以绕隔离体顺时针转动为正;弯矩记为M,它是截面上正应力对截面形心的力矩,通常习惯将使杆件下侧受拉上侧受压的情形记为正,如图3-2所示。

用截面法计算某一截面上3个内力的方法,就是取出某一段隔离体,利用式(3-1)的静力平衡方程求出。

轴力F_N等于截面任一侧所有沿截面法

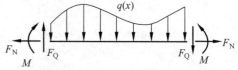

图　3-2

向外力的代数和；

剪力 F_Q 等于截面任一侧所有沿截面切向外力的代数和；

弯矩 M 等于截面任一侧所有外力对截面形心力矩的代数和。

3.1.2　梁的内力图

求出梁上各截面的内力之后，以杆轴线为基线（记为 x 坐标），将 F_N、F_Q 及 M 的值沿基线示出（将各内力值作为纵坐标），这样可得三幅图，即 x-F_N，x-F_Q 及 x-M 坐标图，称为内力图。F_N 和 F_Q 图应该标示正负，M 图是将其绘于受拉侧，一般不标示正负。

作内力图时，应标明图名（轴力图、剪力图、弯矩图）、单位、数值，且以拟合方法连成连续曲线（内力一般都可以分段写出数学表达式，这在后面的例题中可以看到）。

3.1.3　荷载与内力之间的数学关系

任取一段梁设其长为 $\mathrm{d}x$，作为隔离体考虑其平衡，下面将分别对梁上作用均布荷载和集中荷载的两种情形进行推导。

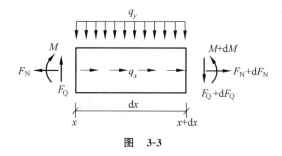

图　3-3

$$\sum F_x = 0 \qquad F_N + \mathrm{d}F_N - F_N + q_x \mathrm{d}x = 0$$

$$\sum F_y = 0 \qquad F_Q + \mathrm{d}F_Q - F_Q + q_y \mathrm{d}x = 0$$

$$\sum M_x = 0 \qquad M + \mathrm{d}M - M - (F_Q + \mathrm{d}F_Q)\mathrm{d}x - q_y \mathrm{d}x \cdot \frac{\mathrm{d}x}{2} = 0$$

化简并略去高阶小量得：

$$\begin{cases} \dfrac{\mathrm{d}F_N}{\mathrm{d}x} = -q_x \\[2mm] \dfrac{\mathrm{d}F_Q}{\mathrm{d}x} = -q_y \\[2mm] \dfrac{\mathrm{d}M}{\mathrm{d}x} = F_Q \end{cases} \qquad (3\text{-}2)$$

及

$$\frac{\mathrm{d}^2 M}{\mathrm{d}x^2} = -q_y \qquad (3\text{-}3)$$

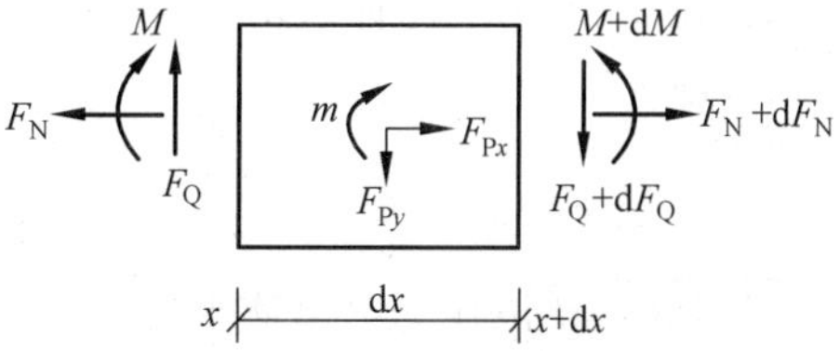

当梁上某点有集中力作用时，可在其作用点邻近处取微元分析，所取微元见图 3-4，F_{Px} 为 x 向（沿轴向）集中力，F_{Py} 为 y 方向（垂直于

图　3-4

轴向)集中力,m 为集中力偶。考虑该微元体平衡得:

$$\sum F_x = 0 \qquad F_N + dF_N - F_N + F_{Px} = 0$$

$$\sum F_y = 0 \qquad F_Q + dF_Q - F_Q + F_{Py} = 0$$

$$\sum M_x = 0 \qquad M + dM - M - (F_Q + dF_Q)dx - m = 0$$

同理,得:

$$\begin{cases} dF_N = -F_{Px} \\ dF_Q = -F_{Py} \\ dM = m \end{cases} \tag{3-4}$$

这说明,在集中力作用点的左右截面上(图中 x 截面和 $x+dx$ 截面,当 $dx \to 0$ 时,即成为一点的左右截面),其相应内力值是有突变的,突变值就是此点对应的荷载值。

式(3-2)和式(3-4)给出了外荷载与内力的基本关系,比如说,当沿梁轴线方向(x 方向)无均布荷载作用,而该段的两端又无轴线方向的轴力,则这段梁的 F_N 必为零,又如在一段梁上只有 $q_y =$ 常数作用,则该段的 F_Q 图必为线性函数,特别地,当 $q_y = 0$ 时,F_Q 为常数。当然,从式(3-2)的第三式看到内力弯矩 M 和内力剪力 F_Q 的关系,M 图的斜率为 F_Q。由此规律知,以后绘制好 F_Q 图后,可参考其形状绘制 M 图。为以后绘制内力图方便起见,将这些特征总结在表 3-1 中。

表 3-1　内力图的特征

梁上某区段外荷载情形	剪力 F_Q 图的特征	弯矩 M 图的特征
无荷载($q_y = 0$)	水平线	一般为斜直线
均布荷载($q_y =$ 常数)	斜直线	二次抛物线,凸向与 q_y 相同
	$F_Q = 0$ 处	弯矩取极值
集中力 F_P 作用处	F_Q 值有突变,突变量 $\Delta F_Q = -F_P$	尖角,方向与 F_P 方向相同
集中力偶 m 作用处	无变化	突变,突变量 $\Delta M = m$
铰结处	连续	弯矩为零

例 3-1　作图 3-5 所示简支梁的剪力图和弯矩图。

解:(1)求支座反力

考虑整体平衡求得:

$$F_{Ax} = 0 \qquad F_{Ay} = 8.5 \text{kN} \qquad F_{By} = 9.5 \text{kN}$$

(2)求弯矩

选取 A、C、D 及 B 点作为控制截面(控制点),求出这几个截面上的弯矩值,在这些区间(AC 区间、CD 区间及 DB 区间)内弯矩的变化应遵循式(3-2)的规律,可按表 3-1 各情形给出。

取 AC 段作为隔离体求得:

$$M_C - 8.5 \times 4 + 2 \times 4 \times \frac{4}{2} = 0$$

$$M_C = 18 \text{kN} \cdot \text{m}$$

同理取 DB 段作为隔离体求得:

$$M_D - 9.5 \times 2 = 0$$

$$M_D = 19\text{kN} \cdot \text{m}$$

注意,在 D 点左右弯矩无突变,各控制截面处的弯矩值为

$$M_A = 0(铰) \qquad M_C = 18\text{kN} \cdot \text{m}$$

$$M_D = 19\text{kN} \cdot \text{m} \qquad M_B = 0$$

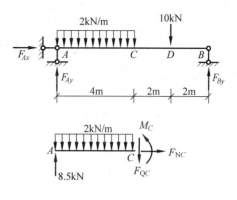

由此,结合表 3-1 绘出弯矩图。AC 段有均布荷载作用,M 图应为抛物线形式且凸出方向与 q 同向;CD 区间与 DB 区间 $q=0$,M 图应为直线,只需将 C 点和 D 点弯矩值以直线相连,得该区间弯矩图;DB 区间同样处理。至此绘出完整的弯矩图。

（3）求剪力

利用 AC 段和 BD 段隔离体图求得:

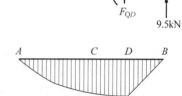

$$F_{QC} + 2 \times 4 - 8.5 = 0$$

$$F_{QC} = 0.5\text{kN}$$

$$F_{QD}^{右} + 9.5 = 0$$

$$F_{QD}^{右} = -9.5\text{kN}$$

因为在 D 点有集中力作用,所以 F_Q 在此点左右两截面有突变,其突变值应为 10kN,故

$$F_{QD}^{左} = (10 - 9.5)\text{kN} = 0.5\text{kN}$$

A、B 两点的剪力值即为其支座的竖向反力值。这里应注意,支座反力对于梁来说引起剪力 F_Q 的正负号。利用上述所求各控制截面 F_Q,并利用表 3-1 作剪力图。

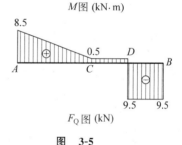

图　3-5

式（3-2）中给出 $\dfrac{\mathrm{d}M}{\mathrm{d}x} = F_Q$,可对照本题的 M 图和 F_Q 图进行校核。

例 3-2　作图 3-6 所示伸臂梁的弯矩图和剪力图。

解:（1）求支座反力

利用整体平衡列方程可得:

$$\sum X = 0 \qquad F_{Bx} = 0$$

$$\sum Y = 0 \qquad F_{Ay} + F_{By} - 20 - 30 - 5 \times 4 = 0$$

$$\sum M_A = 0 \qquad F_{By} \times 8 + 20 \times 1 - 30 \times 1 - 5 \times 4 \times 4 + 10 - 16 = 0$$

解得:

$$F_{Ay} = 58\text{kN} \qquad F_{Bx} = 0 \qquad F_{By} = 12\text{kN}$$

（2）求作弯矩图

选取 C、A、D、E、F、G 及 B 点处为控制截面,利用取隔离体求出各点的弯矩值,C、A、D 及 E 点选左侧为隔离体,其余各点选右侧为隔离体（选取的隔离体上作用力少则计算工

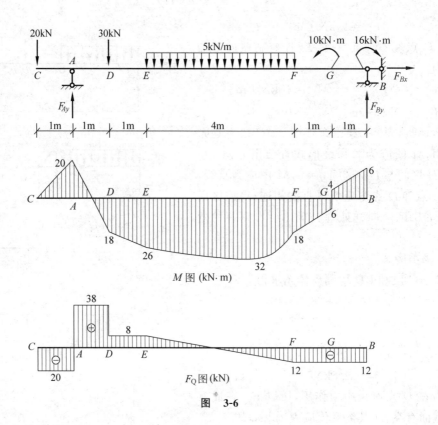

图 3-6

作量相对就少),解得:

$$M_C = 0 \qquad M_A = -20\text{kN} \cdot \text{m}$$

$$M_D = 18\text{kN} \cdot \text{m} \qquad M_E = 26\text{kN} \cdot \text{m}$$

$$M_F = 18\text{kN} \cdot \text{m} \qquad M_G^L = 6\text{kN} \cdot \text{m}$$

$$M_G^R = -4\text{kN} \cdot \text{m} \qquad M_B = -16\text{kN} \cdot \text{m}$$

由计算结果可知,D 点处弯矩无突变,G 点处突变值为 10kN·m(注意为正值)。按表 3-1 中给出的规律,绘出 M 图。请读者注意 B 点的 M 值,那个大小为 16kN·m 的弯矩外荷载作用在梁的截面上(或者说梁上),此处支座和梁两者互不传递弯矩(因是铰结)。

(3) 作剪力图

利用 $\dfrac{\mathrm{d}M}{\mathrm{d}x} = F_Q$,由 M 图求作剪力图:

$$CA \text{ 段} \qquad F_Q = \frac{\mathrm{d}M}{\mathrm{d}x} = \left(\frac{-20-0}{1}\right)\text{kN} = -20\text{kN}$$

$$AD \text{ 段} \qquad F_Q = \frac{\mathrm{d}M}{\mathrm{d}x} = \left[\frac{18-(-20)}{1}\right]\text{kN} = 38\text{kN}$$

$$DE \text{ 段} \qquad F_Q = \frac{\mathrm{d}M}{\mathrm{d}x} = \left(\frac{26-18}{1}\right)\text{kN} = 8\text{kN}$$

$$FG \text{ 段} \qquad F_Q = \frac{\mathrm{d}M}{\mathrm{d}x} = \left(\frac{6-18}{1}\right)\text{kN} = -12\text{kN}$$

$$GB \text{ 段} \qquad F_Q = \frac{\mathrm{d}M}{\mathrm{d}x} = \left[\frac{-16 - (-4)}{1}\right] \text{kN} = -12\text{kN}$$

在 EF 段上，M 图为抛物线，则其 F_Q 图必为斜直线，且 E 点和 F 点的剪力值已知，$F_{QE} = 8\text{kN}, F_{QF} = -12\text{kN}$，故将此二点以直线相连即可。注意 $\mathrm{d}M$ 的量纲为 kN·m（弯矩量纲），$\mathrm{d}x$ 的量纲为 m（长度量纲）。

例 3-3 作图 3-7 所示结构的内力图（设梁的倾斜角为 α）。

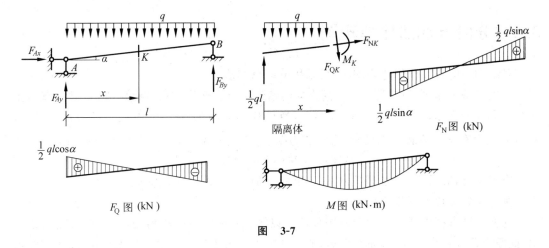

图 3-7

解：（1）求支座反力
考虑该梁的整体平衡得：

$$F_{Ax} = 0 \qquad F_{Ay} = \frac{1}{2}ql \qquad F_{By} = \frac{1}{2}ql$$

（2）求内力
从梁中 K 点截开考虑左段梁的平衡得：

$$\sum X = 0 \qquad F_{NK}\cos\alpha + F_{QK}\sin\alpha = 0$$

$$\sum Y = 0 \qquad F_{NK}\sin\alpha - F_{QK}\cos\alpha - qx + \frac{1}{2}ql = 0$$

$$\sum M_K = 0 \qquad M_K - \frac{1}{2}qlx + qx \cdot \frac{x}{2} = 0$$

由此求得：

$$F_{NK} = -\left(\frac{l}{2} - x\right)q\sin\alpha$$

$$F_{QK} = \left(\frac{l}{2} - x\right)q\cos\alpha$$

$$M_K = \frac{1}{2}qx(l - x)$$

将其绘制在图中（基线为梁轴线，考虑 x 点位置内力值，因为梁长并非 l）。

由本例看出，斜梁与水平梁相比（在受均布荷载作用下），斜梁的剪力变小了，轴力不再为零。由 F_N 和 F_Q 表达式可知，α 变大时梁中轴力变大，剪力变小，反之亦然。

通过以上例题得出作静定梁结构内力图的过程，在此将其作法步骤归纳如下：

①求支座反力(利用整体平衡方程);

② 根据梁上荷载分布特征确定控制截面(支座处也是一控制截面,对于梁来说,支座反力也是外荷载);

③ 选适当隔离体,按平衡条件求各控制面处的三个内力值;

④ 以梁轴线为基线绘制内力图(通常为三幅:F_N 图、F_Q 图及 M 图)。

绘制内力图后还可借用式(3-2)来做校验,由 M 图和 F_Q 图互相验证。

3.2　分段叠加法作弯矩图

对结构中的直线段作弯矩图时,可采用分段叠加法。

先做准备工作,即讨论图 3-8 中简支梁的情形。梁上作用的荷载有两类,全梁满布均布荷载 q 和在两端部位作用力矩 M_A 和 M_B,当只有 M_A 和 M_B 作用时,弯矩图为梯形,记为 $\overline{M}(x)$,当只有均布荷载 q 作用时,弯矩图为抛物线,记为 $M^0(x)$,那么总的弯矩图为

$$M(x) = \overline{M}(x) + M^0(x)$$

应当注意,$M(x)$ 的叠加是按同一 x 坐标叠加,不要误以为是图形的简单拼合(实际上简单拼合时斜边长度不相等)。

现在讨论直杆中任一段的弯矩图作法。以图 3-9 中的 AB 段为例,将其作为隔离体取出,此段有荷载 q 作用,两端还有弯矩、剪力和轴力。由于轴力对弯矩图无影响,故在作弯矩图时不考虑轴力。将图 3-9 中杆段情形与图 3-8 中的简支梁比较,若两者的均布荷载 q,以及两端的弯矩相等,支座反力和剪力有关系:$F_{Ay} = F_{QA}$,$F_{By} = -F_{QB}$,则两者的弯矩图应

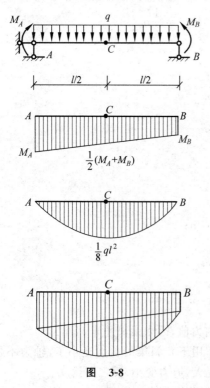

图　3-8

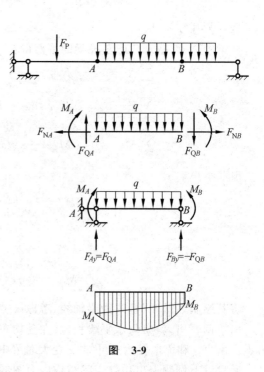

图　3-9

相同。这样作任意直杆杆段弯矩图的问题就转化为作相应简支梁弯矩图的问题。具体作法可分为三步：第一步，根据 A、B 两点的弯矩 M_A 和 M_B 作直线弯矩图 $\overline{M}(x)$；第二步，作简支梁受均布荷载的弯矩图 $M^0(x)$；第三步，将以上两种结果按坐标叠加得最终该梁段的弯矩图 $M(x)$。

对于具体问题分段时，要选一些特征点分段，这些特征点一般为集中力作用点、集中力偶作用点、分布荷载的起点和终点。

例 3-4　作图 3-10 所示简支梁的内力图。

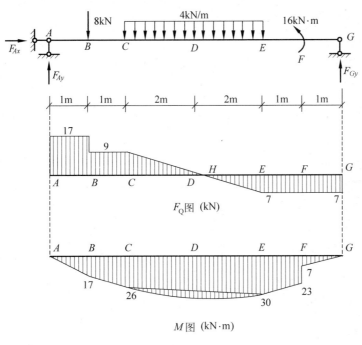

图　3-10

解：（1）求支座反力
$$F_{Ax}=0 \qquad F_{Ay}=17\text{kN} \qquad F_{Gy}=7\text{kN}$$

AB、BC、EF 和 FG 四段区间无荷载作用，那么 F_Q 应为常数，其图形应为水平线。CDE 段内有均布荷载，F_Q 为线性函数，其图形应为一斜直线。故只要求出 A、B、C、E、F、G 各点的剪力值，以直线相连即可。

$$F_{QA}=F_{Ay}=17\text{kN} \qquad F_{QB}^{R}=F_{Ay}-8=9\text{kN}$$

$$F_{QC}=F_{Ay}-8=9\text{kN} \qquad F_{QE}=F_{Ay}-8-4\times4=-7\text{kN}$$

$$F_{QF}=-7\text{kN} \qquad F_{QG}=-F_{By}=-7\text{kN}$$

（2）作弯矩图

求出特征点 A、B、C、E、F^{L}、F^{R} 及 G 点的弯矩值：

$$M_A=0 \qquad\qquad M_B=F_{Ay}\times1=17\text{kN}\cdot\text{m}$$

$$M_C=F_{Ay}\times2-8\times1=26\text{kN}\cdot\text{m} \qquad M_E=F_{Gy}\times2+16=30\text{kN}\cdot\text{m}$$

$$M_F^{L}=F_{Gy}\times1+16=23\text{kN}\cdot\text{m} \qquad M_F^{R}=F_{Gy}\times1=7\text{kN}\cdot\text{m}$$

$$M_G=0$$

在 AB、BC、EF、FG 四段 F_Q 为常量，$M(x)$ 应为直线，故只需将以上计算出的各点弯矩值作为竖标，再以直线相连即可。CE 段有均布荷载，那就以 M_C 和 M_E 的连线为基线，叠加以 CE 为跨度的简支梁在均布荷载作用下的弯矩图（抛物线），至此作出了该结构完整的弯矩图。

这里还有两个具体数值需说明，一是中点 D 处的弯矩值 M，二是 M 在何处达到最大。

D 点的弯矩 M_D 由两部分叠加，一是梯形一是抛物线顶点值，故

$$M_D = \frac{1}{2}(M_C + M_E) + \frac{1}{8}ql^2$$

$$= \left[\frac{1}{2} \times (26+30) + \frac{1}{8} \times 4 \times 4^2\right] \text{kN} \cdot \text{m}$$

$$= (28+8)\text{kN} \cdot \text{m} = 36\text{kN} \cdot \text{m}$$

全梁弯矩的最大值 $M_{\max}$ 应在 $F_Q = 0$ 处（H 点）。那么，由 F_Q 图可知

$$\frac{9}{\overline{CH}} = \frac{7}{\overline{HE}} = \frac{7}{4 - \overline{CH}}$$

求得：

$$\overline{CH} = 2.25\text{m}$$

即 H 点在距 A 点为 4.25m 处，并非中点，这是由于 CE 段弯矩中一部分是梯形，并非关于 D 点对称造成的。

H 点的弯矩值可利用积分关系求得：

$$M_H = M_C + \int_C^H F_Q \mathrm{d}x = \left(26 + \frac{1}{2} \times 2.25 \times 9\right)\text{kN} \cdot \text{m} = 36.1\text{kN} \cdot \text{m}$$

3.3 静定多跨梁

静定单跨梁中的简支梁、伸臂梁、悬臂梁等都是梁式结构中最简单的情形，工程实际中有时需要跨度较大的梁，若使用这些单跨结构，由于跨度大造成梁的中间部分弯矩较大，梁的尺寸及用材上就不尽合理，因此，工程师利用这些单跨梁作为基本单元构造出多跨的静定结构。举一例如图 3-11 所示。

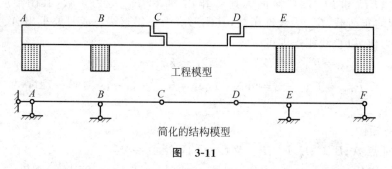

图 3-11

从几何组成分析看，多跨梁可分为基本部分和附属部分，基本部分是不依赖结构的其他部分并能独立维持几何不变的部分，如图 3-11 中的 AB 梁部分；附属部分是指依赖基本部分的支撑才能维持其几何不变的部分，如图 3-11 中的 CD 梁部分。

从构造来看,静定多跨梁是由几个梁组成的,组成次序应是先固定基本部分,后固定附属部分。

从受力分析来看,附属部分梁的受力可作用到基本部分上去,而基本部分的受力不会传到附属部分上去。因此,在计算多跨静定梁的内力时应先由附属部分开始,按此顺序可避免求解联立方程。而各部分的计算分别相当于单跨静定梁。

例 3-5　求作如图 3-12 所示静定多跨梁的内力图。

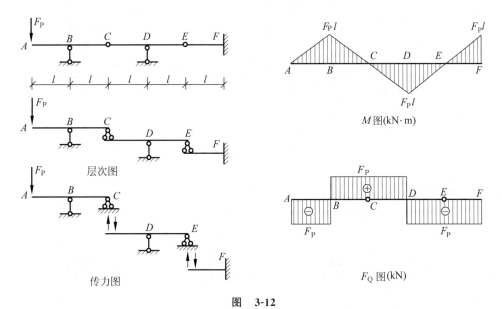

图　3-12

解：(1) 先由结构判断基本部分和附属部分,作出层次图。

(2) 进而由层次图的结构关系绘出传力图。在传力图中由最后附属部分依次计算各梁段的支座反力,依次传递给基本部分,这样一来,各梁段的受力就明确了,再依次求出其内力。该例题的三段梁均较简单,第一段梁 ABC 支座反力(向上为正)为 $F_{By}=2F_P$,$F_{Cy}=-F_P$;第二段梁 CDE 支座反力(向上为正)为 $F_{Dy}=-2F_P$,$F_{Ey}=F_P$。计算过程略去,直接将内力结果绘于图 3-12 中(其剪力和弯矩求取很简单,不作具体演算)。在此看到经过铰 C、E 时剪力无变化。

例 3-6　求作如图 3-13 所示结构的弯矩图,并确定 D 点铰的最佳位置,即使得两跨梁上出现的正负弯矩峰值相等。

解：记 D 点到 B 点的距离为 x,其他尺寸如图 3-13 所示,由结构特性作出层次图,并在其上标示出各种荷载,由左端附属部分求出 AD 段梁的反力(竖向支座反力以向上为正,水平方向支座反力显然为 0)：

$$F_{Ay}=\frac{1}{2}q(l-x) \qquad F_{Dy}=\frac{1}{2}q(l-x)$$

将 F_{Dy} 作用于基本部分的 D 点。考虑基本部分的平衡求得 DBC 段梁的反力(水平方向支反力显然为 0)：

$$F_{By}=q(l+x) \qquad F_{Cy}=\frac{1}{2}q(l-x)$$

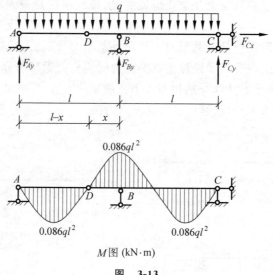

$$M图 (kN·m)$$

图 3-13

此时,可求出 AD 梁及 DBC 梁上的弯矩,并绘出弯矩图(图 3-14)。

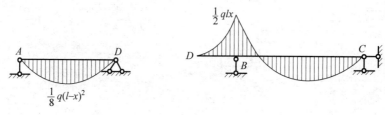

图 3-14

在 AB 段内调整 D 的位置,即要求

$$\frac{1}{8}q(l-x)^2=\frac{1}{2}qlx$$

解得:

$$x=0.172l$$

以此值求该多跨梁的三处弯矩峰值绝对值,均为 $0.086ql^2$。

若按等跨的两个简支梁设计,则可知最大弯矩为 $\frac{1}{8}ql^2=0.125ql^2$。两结构进行比较的话,多跨梁的最大弯矩只占了简支梁最大弯矩的 70%,这就是设计这一多跨梁的好处,可以使梁的用料少些。

3.4 静定平面刚架

刚架由直杆组成且其中的结点全部或部分为刚结点。刚结点的特点是:刚结点处各杆不能发生相对转动,因此,各杆之间的夹角在杆件的变形过程中不变。从受力来看,刚结点可承受和传递弯矩,因而在刚架中最主要的内力是弯矩。

静定刚架的内力计算原则上与梁相同。先求支座反力及联结处的约束力;其次用截面法通过平衡条件求各控制截面处的内力。对于多跨静定刚架仍应先求解附属部分后求解基本部分。

　　静定刚架内力的正负号规定与梁一致,因此内力图的绘制规定相同。由于在刚架结构中有些结点处有几根杆相交,为明确此结点处各杆内力,用两个下标字母表示内力所在杆件及位置,第一个字母表示近端(结点处),第二个字母表示杆件远端,如 M_{BA} 是表示 BA 这根杆在 B 端的弯矩值。

　　下面举例说明静定刚架结构内力的计算及内力图的绘制。

　　例 3-7　求作如图 3-15 所示门式刚架在均布荷载作用下的内力图。

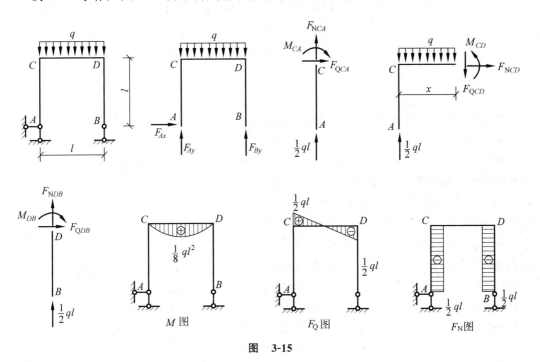

图　**3-15**

　　解:与梁的解法步骤相同。

（1）求支座反力(整体平衡)

$$F_{Ax} = 0 \qquad F_{Ay} = \frac{1}{2}ql \qquad F_{By} = \frac{1}{2}ql$$

　　（2）求内力(取隔离体,截面法)

考虑 AC 段

$$F_{NAC} = -\frac{1}{2}ql$$

$$F_{QAC} = 0$$

$$M_{AC} = 0$$

考虑 CD 段

$$F_{NCD} = 0$$

$$F_{QCD} = \frac{1}{2}ql - qx = \frac{1}{2}q(l-2x)$$

$$M_{CD} = \frac{1}{2}ql \cdot x - q \cdot x \cdot \frac{x}{2} = \frac{1}{2}qx(l-x)$$

考虑 DB 段

$$F_{NDB} = -\frac{1}{2}ql \qquad F_{QDB} = 0 \qquad M_{DB} = 0$$

将以上求得结果绘图,见图 3-15。

（3）校验 C 点和 D 点的平衡,见图 3-16。

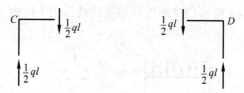

图 3-16

例 3-8 求作如图 3-17 所示三铰刚架的内力图。

解:（1）求支座反力

支座反力有 4 个（F_{Ax}、F_{Ay}、F_{Cx}、F_{Cy}）,整体结构的平衡方程只有 3 个,必须寻求一个补充方程。若将结构从 B 点拆开,考虑右边隔离体,此时 B 点只有 2 个内力（铰结点弯矩为 0）,考虑其平衡时有 3 个方程,其中含有 4 个未知力,但是 C 点支座反力已在整体平衡方程中出现,故真正需求的只有 B 点 2 个未知内力,这时 1 个补充方程就可以得到。或者这样看,整体平衡有 3 个方程,右边隔离体平衡有 3 个方程,共 6 个方程,A、B、C 三点各有 2 个未知力,共 6 个未知力,方程数与未知力数相同,支座反力可求。

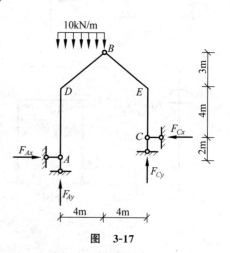

图 3-17

写出平衡方程,考虑整体平衡时有

$$\sum X = 0 \qquad F_{Ax} + F_{Cx} = 0$$

$$\sum Y = 0 \qquad F_{Ay} + F_{Cy} = 40$$

$$\sum M_A = 0 \qquad 10 \times 4 \times 2 - 2 \times F_{Cx} - 8F_{Cy} = 0$$

考虑右隔离体平衡时有

$$\sum M_B = 0$$

$$F_{Cx} \times 7 - F_{Cy} \times 4 = 0$$

有这一补充方程即可求出支座反力。

联合以上 4 个方程求得:

$$F_{Ax} = 5\text{kN} \qquad F_{Ay} = 31.25\text{kN}$$

$$F_{Cx} = 5\text{kN} \qquad F_{Cy} = 8.75\text{kN}$$

支座反力的方向在图 3-17 中已标出。

（2）求各杆轴力和剪力

下面求出各杆（AD、DB、CE 及 EB）的杆端内力。首先，考虑 D、E 两点处的平衡，给出在此处 4 根杆的内力关系。已知刚结点处相交两杆杆端弯矩值不变，图 3-18 中略去弯矩，给出其他轴力及剪力的关系。

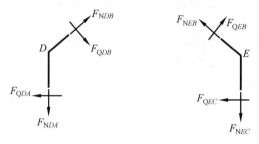

图　3-18

按两个垂直方向的平衡条件得：

$$F_{NDB} = \frac{3}{5} F_{NDA} + \frac{4}{5} F_{QDA} \qquad F_{QDB} = -\frac{4}{5} F_{NDA} + \frac{3}{5} F_{QDA}$$

$$F_{NEB} = \frac{3}{5} F_{NEC} - \frac{4}{5} F_{QEC} \qquad F_{QEB} = \frac{4}{5} F_{NEC} + \frac{3}{5} F_{QEC}$$

此为在 D、E 两点处轴力及剪力的平衡关系。

前述求出的支座反力，即 A、C 两点的端部轴力及剪力，按定义有

$$F_{NDA} = -31.25\text{kN} \qquad F_{QDA} = -5\text{kN}$$

$$F_{NEC} = -8.75\text{kN} \qquad F_{QEC} = 5\text{kN}$$

且由于 AD 杆和 CE 杆沿杆长其轴力和剪力不变，由此求出

$$F_{NDB} = -22.75\text{kN} \qquad F_{QDB} = 22\text{kN}$$

$$F_{NEB} = -9.25\text{kN} \qquad F_{QEB} = -4\text{kN}$$

该两截面的弯矩分别由 AD 杆和 CE 杆取隔离体列平衡方程求出（在 D、E 两点杆件刚结，故传递全部弯矩）：

$$M_{DA} = M_{DB} = -30\text{kN} \cdot \text{m} \quad （外侧受拉）$$

$$M_{CE} = M_{EB} = -20\text{kN} \cdot \text{m} \quad （外侧受拉）$$

接下来考虑 DB 杆和 EB 杆作为隔离体列平衡方程（B 点是铰结点，弯矩为零），由此求出 B 点处的轴力和剪力：

$$F_{NBE} = -9.25\text{kN} \qquad F_{QBE} = -4\text{kN}$$

$$F_{NBD} = 1.25\text{kN} \qquad F_{QBD} = -10\text{kN}$$

为求 DB 杆上的弯矩，取图 3-19 中的坐标（注意这里的坐标不是沿着杆轴线），由此得沿杆轴线的弯矩表达式为

$$M(x) = M_{DB} + F_{QDB} \times \frac{x}{\cos\alpha} - qx\cos\alpha \times \frac{1}{2} \frac{x}{\cos\alpha}$$

$$=M_{DB}+F_{QDB}\times\frac{5}{4}x-\frac{1}{2}qx^2$$

$$=-30+22\times\frac{5}{4}x-\frac{1}{2}\times10\times x^2$$

其中,α 为 DB 杆与 x 轴的夹角。其他各杆弯矩图形由前述内力与外荷载的关系可知,均应为直线。该杆弯矩图也可用 3.2 节所讲的分段叠加法求得。

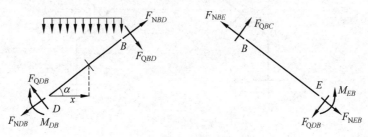

图   3-19

至此,可绘制出所有杆件的三个内力图(图 3-20)。

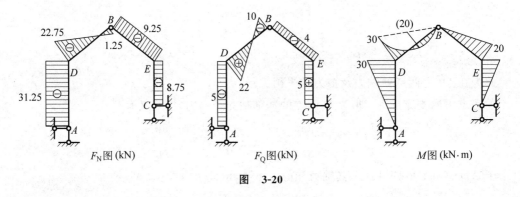

图   3-20

此题求解还可有另外一种方法,即依次求出全部杆端弯矩、剪力及轴力,再绘制整个结构的内力图。

(1) 求全部杆端弯矩

AD 杆 $M_{AD}=0$ $M_{DA}=-30\mathrm{kN\cdot m}$(选 AD 杆作为隔离体)

DB 杆 $M_{DB}=M_{DA}=-30\mathrm{kN\cdot m}$ $M_{BD}=0$(B 点铰结)

类似地可求出

$$M_{CE}=0\qquad\qquad M_{EC}=-20\mathrm{kN\cdot m}$$

$$M_{EB}=-20\mathrm{kN\cdot m}\qquad M_{BE}=0$$

(2) 求各杆端剪力

AD 杆 $F_{QAD}=-5\mathrm{kN}$

CE 杆 $F_{QCE}=5\mathrm{kN}$

EB 杆 $F_{QEB}=-4\mathrm{kN}$ (由 $\sum M_B=0$ 求得)

DB 杆 $F_{QDB}=22\mathrm{kN}$ (由 $\sum M_B=0$ 求得)

$\qquad\qquad\quad F_{QBD}=-10\mathrm{kN}$ (由 $\sum M_D=0$ 求得)

（3）求各杆轴力

$$AD \text{ 杆} \qquad F_{NAD} = -31.25\text{kN} \quad （取 A 点为隔离体）$$

$$CE \text{ 杆} \qquad F_{NCE} = -8.75\text{kN} \quad （取 C 点为隔离体）$$

DB 杆，取结点 D 为隔离体，考虑 DB 杆轴向平衡得：

$$F_{NDB} = \left(-5 \times \frac{4}{5} - 31.25 \times \frac{3}{5} \right) \text{kN} = -22.75\text{kN}$$

BE 杆，与上同法求得：

$$F_{NEB} = -9.25\text{kN}$$

总结以上的求解过程，应先求出结构的支座反力，这样相当于整个结构上的作用力已明确（此时约束用支座反力代替），从某一已知力作用的杆端开始，逐个杆件取隔离体，考虑其平衡就能求出所有杆件两端的内力，依序进行求出结构内所有杆件的内力值。再将各杆件的内力图作出，即为结构的全部 F_N 图、F_Q 图及 M 图。

例 3-9　求如图 3-21 所示两跨刚架的内力，并作出各杆弯矩图。

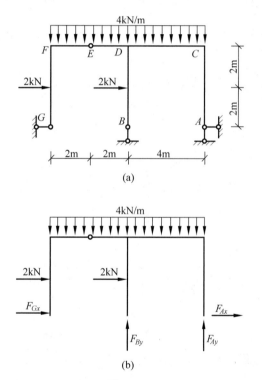

图　3-21

解：求内力时一般必先求出支座反力，在知道了结构上受到的所有外力之后，由某根杆件开始用隔离体求出全部结构内力。此刚架共有 4 个约束反力（支座反力），从整体平衡的 3 个方程求不出 4 个反力，必须寻求一个补充方程。从几何构造角度看，该刚架是先固定右边（相当于简支梁），再固定左边，即右边简支门式刚架为基本部分，左边 EFG 部分为附属部分，即后者是固定到前者上的。求反力的次序与组成次序相反，先求左边的支座反力 F_{Gx}，再求 F_{By}、F_{Ax} 和 F_{Ay}，可以避免求解联立方程的麻烦。

（1）求支座反力

先取得 GFE 部分作为隔离体，列平衡方程

$$\sum M_E = 0 \qquad F_{Gx} \times 4 + 2 \times 2 + 4 \times 2 \times \frac{2}{2} = 0$$

$$F_{Gx} = -\frac{1}{4} \times \left(2 \times 2 + 4 \times 2 \times \frac{2}{2}\right) \text{kN} = -3 \text{kN}$$

再考虑整体平衡，列方程

$$\sum X = 0 \qquad F_{Ax} + 2 + 2 + F_{Gx} = 0$$

$$\sum Y = 0 \qquad F_{By} + F_{Ay} - 4 \times 8 = 0$$

$$\sum M_A = 0 \qquad F_{By} \times 4 + 2 \times 2 + 2 \times 2 - 4 \times 8 \times \frac{8}{2} = 0$$

解得：

$$F_{Ax} = -1 \text{kN} \qquad F_{Ay} = 2 \text{kN} \qquad F_{By} = 30 \text{kN}$$

（2）求各杆内力

逐杆取隔离体求出各杆端内力（注意，E 点为铰接点，应无弯矩，隔离体上对 E 点取矩也能证明）。

$$FG \text{ 杆} \qquad F_{NFG} = 0$$
$$F_{QFG} = 1 \text{kN}$$
$$M_{FG} = 8 \text{kN} \cdot \text{m}$$

$$FE \text{ 杆} \qquad F_{NEF} = 1 \text{kN}$$
$$F_{QEF} = -8 \text{kN}$$
$$M_{EF} = 0$$

$$ED \text{ 杆} \qquad F_{NDE} = 1 \text{kN}$$
$$F_{QDE} = -16 \text{kN}$$
$$M_{DE} = -24 \text{kN} \cdot \text{m}$$

$$DB \text{ 杆} \qquad F_{NDB} = -30 \text{kN}$$
$$F_{QDB} = -2 \text{kN}$$
$$M_{DB} = -4 \text{kN} \cdot \text{m}$$

$$CA \text{ 杆} \qquad F_{NCA} = -2 \text{kN}$$
$$F_{QCA} = 1 \text{kN}$$
$$M_{CA} = 4 \text{kN} \cdot \text{m}$$

$$DC \text{ 杆} \qquad F_{NDC} = -1 \text{kN}$$
$$F_{QDC} = -14 \text{kN}$$
$$M_{DC} = -28 \text{kN} \cdot \text{m}$$

校验 D 点的平衡，符合要求。

只绘出该结构 M 图（图 3-22）。

由此题看到，结构的支座反力多于 3 个时，只靠整体平衡的 3 个方程是不够的，还必须

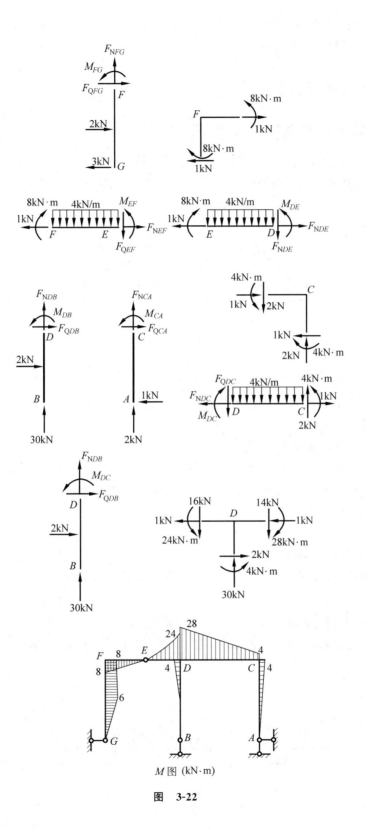

图　3-22

找到一个补充方程,这一补充方程必须从结构的拆分中找到,这一拆分必须考虑其组成规律,即按几何构造的情况按序拆分。

3.5 静定平面桁架

3.5.1 静定平面桁架的术语、分类及特征

大跨度结构广泛采用桁架,道路中的桁架桥,房屋中的大跨度屋架,以及施工中的支架等,把它们抽象成力学模型即为桁架。图 3-23 给出了一般桁架的结构名称。

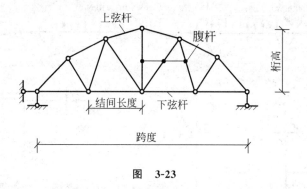

图 3-23

杆件在桁架结构中,按所处位置不同分为两大类,弦杆(分为上弦杆和下弦杆),腹杆(分为竖杆和斜杆)。

桁架按其结构组成分为以下三种:

(1) 简单桁架,指从一个三角形或地基开始,依次增加二元结构形成(图 3-24(a)、(e));

(2) 联合桁架,由几个简单桁架按照刚片组成规则构成(图 3-24(b)、(f));

(3) 复杂桁架,除以上两种以外的其他桁架(图 3-24(c)、(d))。

按桁架外形可分为平行弦桁架(图 3-24(a))、三角形桁架(图 3-24(b))、折线弦桁架(图 3-24(d))和梯形桁架(图 3-24(e))。

桁架结构结点为铰结,承受的荷载为结点集中力,在此条件下桁架中各杆件仅有轴力。

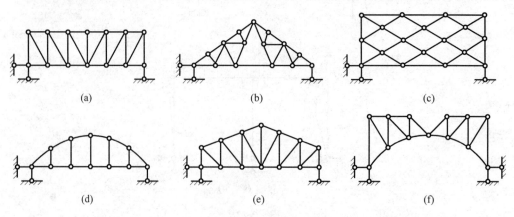

图 3-24

3.5.2 结点法

求解桁架结构中各杆内力时仍需采用取隔离体,建立平衡方程。当隔离体为一个结点时(桁架结构有此特点),这种方法称为结点法。一个结点可求出两个未知力,因为平面上一个点的平衡可列出两个相互垂直方向上的平衡方程。

在建立平衡方程时,经常要将杆件的轴力分解为水平分力和竖直分力,如图 3-25 所示,杆的力三角形和其几何尺寸三角形相似,故应有

$$\frac{F_{NAB}}{l} = \frac{F_{xAB}}{l_x} = \frac{F_{yAB}}{l_y} \tag{3-5}$$

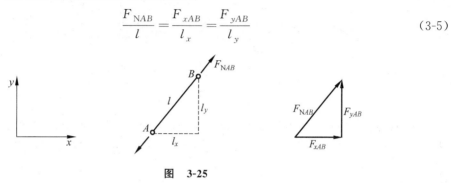

图 3-25

在外荷载作用下,桁架中有部分杆件的轴力为零(这些杆是为了构建几何不变体系而设的),称为零杆。零杆的判断准则有如下三条:

(1) 两杆铰结于一结点且不共线,无外力作用,则该两杆均为零杆;

(2) 三杆铰结于一结点且无外力作用,若其中两杆共线则另一杆必为零杆;

(3) 两杆铰结于一点,且该点有外力作用,若该力作用方向为沿其中一根杆的轴向,则另一杆必为零杆。

此三条准则极易用平衡法证明,如图 3-26 所示。

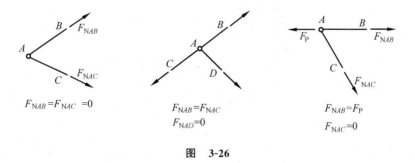

图 3-26

例 3-10 求如图 3-27 所示桁架结构各杆轴力。

解:(1) 求支座反力

$$\sum X = 0 \qquad F_{Ax} = -F_P$$
$$\sum M_B = 0 \qquad F_{Ay} \times 4l = -F_P \times 4l$$
$$F_{Ay} = -F_P$$
$$\sum Y = 0 \qquad F_{Ay} + F_{By} = 0$$
$$F_{By} = F_P$$

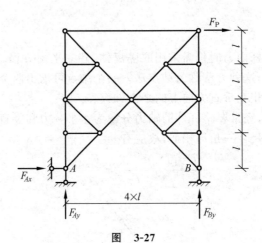

图　3-27

（2）A 点和 B 点都为两杆相铰结处,由此两点中任一点均可开始求杆轴力,显然,B 点只有一个外力,更方便求解。在图 3-28 中由 B 点平衡开始求杆轴力,依序得:

B 点：$F_{NBN}=0$　　　　$F_{NBO}=-F_P$

O 点：$F_{NON}=0$　　　　$F_{NOK}=-F_P$

N 点：$F_{NNK}=0$　　　　$F_{NNJ}=0$

A 点：$F_{NAM}=\sqrt{2}F_P$　　$F_{NAL}=0$

L 点：$F_{NLI}=0$　　　　$F_{NLM}=0$

M 点：$F_{NMJ}=\sqrt{2}F_P$　　$F_{NMI}=0$

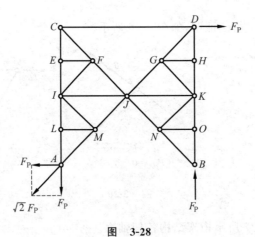

图　3-28

为分析方便,取上半段为隔离体进行分析,如图 3-29 所示。

先考查 H 点和 G 点,显然:

$$F_{NGH}=0 \qquad F_{NGK}=0$$

再考查 E 点和 F 点:

$$F_{NEF}=0 \qquad F_{NFI}=0$$

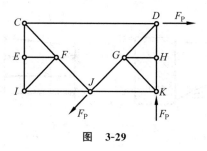

图 3-29

对 K 点使用结点法：

$$F_{NKJ}=0 \qquad F_{NKH}=-F_P$$

依次向上得：

$$F_{NHD}=-F_P$$

对 I 点使用结点法：

$$F_{NIE}=0 \qquad F_{NIJ}=0$$

依次向上得：

$$F_{NEC}=0$$

对 C 点使用结点法：

$$F_{NCF}=0 \qquad F_{NCD}=0$$

依次向下得：

$$F_{NFJ}=0$$

对 J 点使用结点法：

$$F_{NJG}=\sqrt{2}\,F_P$$

依次向上得：

$$F_{NGD}=\sqrt{2}\,F_P$$

结点法是考虑每个结点的平衡即可求得全部杆件的杆轴力。还可以按结构特点选取结点用此法按序求杆件轴力。当然，此例中也包括了零杆的判断，如 B 点的 $F_{NBN}=0$ 和 O 点的 $F_{NON}=0$ 都可按图 3-26 中的法则判定。

3.5.3 截面法

用假想截面截断拟求杆件，从桁架中截出一部分为隔离体，利用平面一般力系的 3 个平衡方程，计算切断各杆的内力。截面法较适用于联合桁架的计算及简单桁架中少数杆件的计算。

若一假设截面截开的数根杆件中，除一根杆外，其余各杆交于一点或彼此平行，则此杆称为截面单杆，如图 3-30 所示（图中标注 a 的杆件）。

截面单杆的性质：截面单杆的内力可直接利用该截面相应隔离体的平衡条件直接求出。如图 3-30(a)所示，对 O 点取矩列平衡方程可求出 F_{Na}；如图 3-30(b)所示，取与 3 根平行杆垂直方向的力列平衡方程，即可求出 F_{Na}。

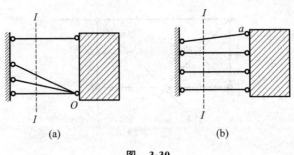

图 3-30

例 3-11   求如图 3-31 所示桁架中杆 31 的轴力。

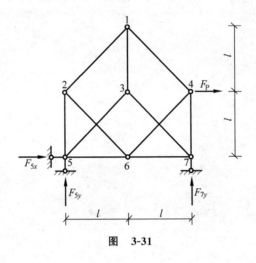

图 3-31

解：求出支座反力：

$$F_{5x} = -F_P$$

$$F_{5y} = -\frac{1}{2}F_P$$

$$F_{7y} = \frac{1}{2}F_P$$

本题中结构具有对称性,荷载不具有对称性,可以将其分解为对称荷载和反对称荷载两种形式,求解后将其结果叠加便可得到原问题的解。

分析图 3-32(a)：由于对称性,结点 6 的杆 62 和杆 64 轴力应相同。在竖直方向投影则有：

$$F_{N64}\cos\alpha + F_{N62}\cos\alpha = 0$$

故

$$F_{N62} = F_{N64} = 0$$

接着取结点 2 为隔离体,求出：

$$F_{N25} = \frac{1}{2}F_P \quad 和 \quad F_{N21} = \frac{1}{\sqrt{2}}F_P$$

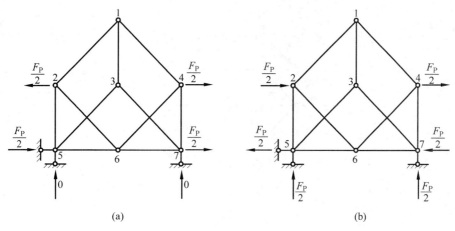

图　3-32

（a）对称荷载；（b）反对称荷载

再取结点 1 为隔离体，则直接求出（1 点处 $F_{N14} = F_{N21}$）：

$$F_{N31} = -F_P$$

分析图 3-32（b）：考虑结点 3，杆 35 和杆 37 的轴力应有如下关系：

$$F_{N35} = -F_{N37}$$

而在水平方向的投影结果为

$$F_{N35}\cos\beta - F_{N37}\cos\beta = 0$$

由此推出

$$F_{N35} = F_{N37} = 0$$

则

$$F_{N31} = 0$$

附带得出

$$F_{N12} = F_{N14} = 0$$

最终 F_{N31} 应是图 3-32（a）、（b）情形结果的叠加，即

$$F_{N31} = -F_P + 0 = -F_P$$

该问题还可以利用别的方法求解。若用结点法来解，除点 6 有 4 根杆相交，其余各点均有 3 根杆件相交，那么要建立 14 个平衡方程（每点 2 个）联立求解各杆轴力，这一工作特别繁杂。本例中利用对称性和反对称性使问题得到简化。请读者掌握这一方法，以后还会多处用到。

例 3-12　求如图 3-33 所示桁架中 a 杆的轴力。

解：（1）求支座反力

由整体平衡条件得：

$$F_{Ax} = 0$$

$$F_{Ay} = \frac{3}{4}F_P$$

$$F_{By} = \frac{1}{4}F_P$$

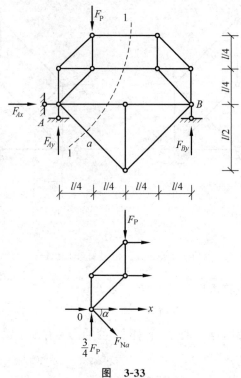

图 3-33

（2）选取 1—1 截面线将桁架结构截为两半，左半边如图 3-33 所示，从中看到暴露出来的 4 个杆轴力，有 3 个是平行的，F_{Na} 与此 3 个力不平行，故将此 4 根杆的轴力投影到与 x 轴垂直的方向上，有：

$$F_{Na} \sin\alpha + F_P - \frac{3}{4}F_P = 0$$

由几何尺寸可求得：

$$\sin\alpha = \frac{1}{\sqrt{2}}$$

故求得：

$$F_{Na} = -\frac{\sqrt{2}}{4}F_P$$

例 3-13 求如图 3-34 所示桁架中 a 杆的轴力。

解： 直接选取一闭合曲线将桁架中间部分的三角形部分截开，此时暴露出 4 根杆件的轴力，但除 F_{Na} 之外的 3 个杆轴力全部交于 C 点，故对 C 点取矩，由 $\sum M_C = 0$，得：

$$F_{Na} \times \frac{1}{2}\sqrt{2}l + F_P \times l = 0$$

求得：

$$F_{Na} = -\sqrt{2}F_P$$

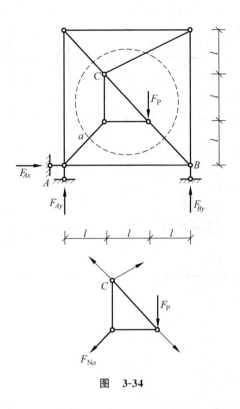

图　3-34

3.5.4　三种简单桁架的比较

由于平行弦桁架、三角形桁架和抛物线桁架是在房屋建筑结构中应用最为广泛的结构，故用相同跨度简支梁的内力分布规律来对比一下（图 3-35），以便对其受力特性有更清晰的认识。

这里先看看梁截面上的内力图情况（考虑只有剪力和弯矩情形）。

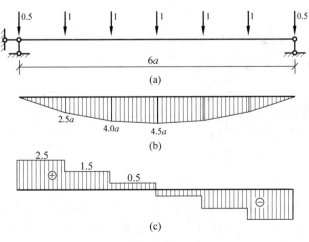

图　3-35

（a）相应简支梁；（b）简支梁弯矩图；（c）简支梁剪力图；（d）同跨平行弦桁架；（e）同跨抛物线桁架；（f）同跨三角形桁架

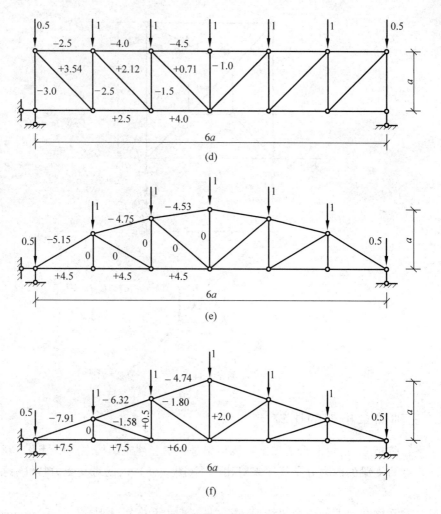

图 3-35（续）

在材料力学中，考察过梁截面弯矩的形成，$M^0 = F_\perp \times \dfrac{h}{2} + F_\top \times \dfrac{h}{2}$，而 $|F_\perp| = |F_\top|$，图 3-36(a)中截面上的弯矩 M^0 是由 $F_\perp$ 和 $F_\top$ 作用形成的。

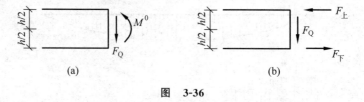

图 3-36

显然，梁的某一截面上应有剪力 F_Q 和弯矩（由上下的轴向拉压力形成）。比较来看，在桁架中 F_Q 将由腹杆承受，$|F_\perp|$ 和 $|F_\top|$ 由上下弦杆来承受。一般来说，在竖向荷载作用下，上弦杆受压，下弦杆必受拉，这是一般性的规律。

（1）平行弦桁架

弦杆内力 F_N 应由 $F_N = \pm \dfrac{M^0}{r}$ 求得。其中 M^0 为相应几何部分梁的截面弯矩，r 为力臂。平行弦桁架弦杆内力值与 M^0 成正比，按 M^0 的变化（两端小中间大，见图 3-35）知：弦杆的内力与此相应，两端小，中间大，上受压，下受拉。

腹杆内力应按 $F_y = \pm F_Q^0$ 给出。其中 F_Q^0 为简支梁相应节间截面剪力，F_y 为桁架竖杆内力或斜杆的竖向分力。

（2）抛物线弦杆

该桁架中上弦杆各结点位于一条抛物线上，按式 $F_N = \pm \dfrac{M^0}{r}$ 计算下弦杆内力和上弦杆内力的水平分力（r 为此处竖杆长度）。抛物线桁架的上弦接近合理拱轴线，作用于上弦结点上的竖向外荷载完全由上弦杆轴力平衡，腹杆内力为零。

（3）三角形桁架

该桁架弦杆内力也由 $F_N = \pm \dfrac{M^0}{r}$（r 为弦杆至其力矩点的力臂）计算。自中间向两端 r 和 M^0 都递减，但 r 减少得快，所以弦杆内力由中间向两端递减，这与平行桁架刚好相反。

由以上计算分析可知：弦杆的外形对于桁架杆件内力影响显著。因此在选用任一形式桁架时注意其特点，采用不同截面的杆件以便节省材料，但还应考虑到施工的方便。一般来说，三角形桁架多用于跨度较小、坡度较大的屋盖；平行弦桁架多用于轻型结构中，如一些厂房中的吊车梁，桥梁中跨度为 50m 以下的梁；抛物线桁架用于较大跨度的结构中。

3.6　静定组合结构的内力分析

3.6.1　组合结构的受力特点

组合结构是由梁式杆（梁）和二力杆（链杆）组合而成，所以各杆的内力个数不同，链杆的内力只有轴力，而梁式杆的内力有三个，即轴力、剪力及弯矩。组合结构承受的外荷载必定是除各铰结点受集中力外，某些杆件的中间部位还承受均布荷载或集中力。

3.6.2　组合结构内力计算举例

从梁、刚架、桁架的内力计算可知，求各杆件截面内力能用的方法就是结点法和截面法。在求组合结构内力时仍用这两种方法，但应注意以下几点：

（1）组合结构一般有主次结构之分，按结构的装配次序，应先计算附属部分，依次推进到基本部分。

（2）组合结构中有梁式杆和链式杆两种杆，其内力个数也不同。故在采用截面法时，应注意尽量选取链式杆截开，这样未知力个数少，便于求解。

（3）当采用截面法时，一定要注意截断的杆件是梁式杆还是链式杆，以便准确地标出内力。

例 **3-14** 求如图 3-37 所示结构的支座反力。

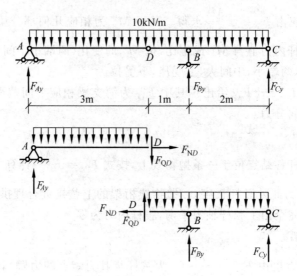

图 **3-37**

解：显然 A 点支座的水平向反力为零。考虑该结构的整体平衡有：

$$\sum Y = 0 \qquad F_{Ay} + F_{By} + F_{Cy} = 10 \times 6 \tag{1}$$

$$\sum M_A = 0 \qquad F_{By} \times 4 + F_{Cy} \times 6 = 10 \times 6 \times \frac{6}{2} \tag{2}$$

将结构从 D 点拆开，考虑左边结构平衡有：

$$\sum X = 0 \qquad F_{ND} = 0$$

$$\sum Y = 0 \qquad F_{Ay} = F_{QD} + 10 \times 3 \tag{3}$$

$$\sum M_A = 0 \qquad F_{QD} \times 3 = -10 \times 3 \times \frac{3}{2} \tag{4}$$

考虑右边结构平衡有：

$$\sum Y = 0 \qquad F_{By} + F_{Cy} + F_{QD} = 10 \times 3 \tag{5}$$

$$\sum M_D = 0 \qquad F_{By} \times 1 + F_{Cy} \times 3 = 10 \times 3 \times \frac{3}{2} \tag{6}$$

化简上述方程(1)~(6)得：

$$F_{Ay} + F_{By} + F_{Cy} = 60 \qquad 2F_{By} + 3F_{Cy} = 90$$

$$F_{Ay} - F_{QD} = 30 \qquad F_{QD} = -15$$

$$F_{By} + F_{Cy} + F_{QD} = 30 \qquad F_{By} + 3F_{Cy} = 45$$

求解该方程组得：

$$F_{QD} = -15\text{kN} \qquad F_{Ay} = 15\text{kN} \qquad F_{By} = 45\text{kN} \qquad F_{Cy} = 0$$

此例中支座反力有 4 个，这种情况一般要寻求一个补充方程，而办法是将结构做一定的拆分，拆分时必须注意要从几何组成分析出发，从刚片与刚片的连接处拆开才行。如本例中，AD 杆、DBC 杆和地基为三刚片（3 个铰为 A 点、D 点以及 B、C 处两平行链杆形成的无限远铰),故从 D 点拆开才行。

例 3-15　求如图 3-38 所示组合结构的轴力图及弯矩图。

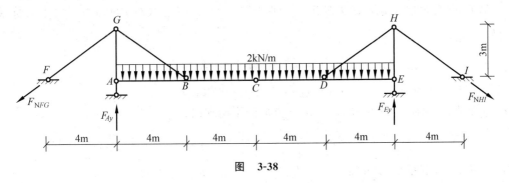

图　3-38

解: 此组合结构的约束共有 4 根链杆,即 A、E 两点与基础相连的链杆,还有 GF 和 HI 2 根链杆。显然支座反力仅靠整体平衡的 3 个方程解不出来。再来分析其几何组成,该结构由左右两个三角形刚片(AGB 和 EHD)及地基三刚片组成,C 点是左右两刚片的连接铰,所以,从 C 点拆开考虑其任一边的平衡就可解出所有支座反力了。

(1) 求支座反力

考虑整体平衡,由 $\sum M_G = 0$,得:

$$F_{NHI} \times \frac{48}{5} - F_{Ey} \times 16 + 2 \times 16 \times 8 = 0 \tag{a}$$

这里的 $\dfrac{48}{5}$ 是从 G 点到 HI 杆延长线的垂直距离,可通过延长 HI 杆利用三角形相似关系求出。

取右半部分作为隔离体,考虑其平衡 $\sum M_C = 0$,得:

$$F_{NHI} \times \frac{24}{5} - F_{Ey} \times 8 + 2 \times 8 \times 4 = 0 \tag{b}$$

这里的 $\dfrac{24}{5}$ 是从 C 点到 HI 杆延长线的垂直距离。

由方程(a)和(b)可解出:

$$F_{NHI} = \frac{80}{3} \text{kN}$$

$$F_{Ey} = 32 \text{kN}$$

由于对称性,可得:

$$F_{NGF} = \frac{80}{3} \text{kN}$$

$$F_{Ay} = 32 \text{kN}$$

同时,求得铰结点 C 处的内力为

$$F_{Cx} = \frac{64}{3} \text{kN}$$

$$F_{Cy} = 0$$

对称问题中,对称点处反对称力 F_{Cy} 应为零。

（2）求轴力

对 G 点或 H 点,用结点法求出其中两杆 GB 和 GA（链式杆）的轴力。由于对称性,所以

$$F_{NGB} = F_{NHD} = \frac{80}{3}\text{kN}$$

$$F_{NGA} = F_{NHE} = -32\text{kN}$$

CD 段杆轴力,由图 3-39 可知,F_{Cx} 由 x 方向的平衡求出:

$$F_{Cx} = F_{NHI} \times \frac{4}{5} = \left(\frac{80}{3} \times \frac{4}{5}\right)\text{kN} = \frac{64}{3}\text{kN}$$

DE 段杆轴力,由图 3-39 可知,F_{NDE} 为 F_{Cx} 与 F_{NHD} 水平分力的代数和:

$$F_{NDE} = \left(\frac{64}{3} - \frac{80}{3} \times \frac{4}{5}\right)\text{kN} = 0\text{kN}$$

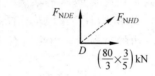

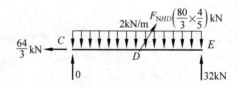

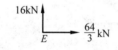

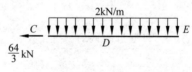

图 3-39

（3）求弯矩

只有 CDE 杆和 ABC 杆为梁式杆,由于对称性,只求 CDE 杆弯矩即可。取 CD 段为隔离体,求得其弯矩值为

$$M_C = 0$$

$$M_D = 16\text{kN} \cdot \text{m}$$

$$M_E = 0$$

CD 段与 DE 段对称（轴力不影响弯矩）,CD 段弯矩图为二次抛物线且向下凸（因为均布荷载向下）。由以上数据和结论可绘出该结构弯矩图。将结构各杆的轴力及弯矩在图 3-40 中示出。

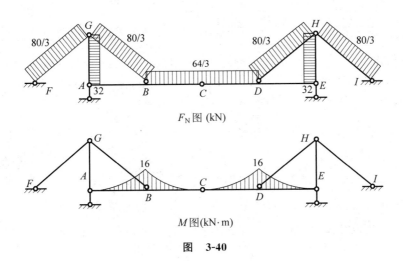

F_N 图 (kN)

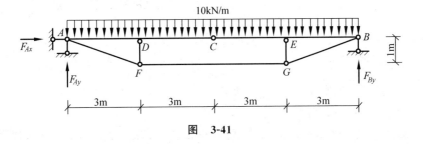

M图(kN·m)

图 3-40

例 3-16 求作如图 3-41 所示结构各杆件的内力图。

图 3-41

解:(1) 求支座反力

由于水平方向无荷载及结构对称性,可知

$$F_{Ax} = 0 \qquad F_{Ay} = 60\text{kN} \qquad F_{By} = 60\text{kN}$$

(2) 求各链杆的轴力

用截面法,从 C 点垂直截开,同时截开 FG 杆(图 3-42),各杆截开处的内力示于图上(由于 C 点有铰,C 点的弯矩为零,FG 杆为二力杆)。

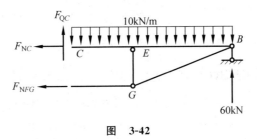

图 3-42

考虑隔离体的平衡:

$$\sum X = 0 \qquad F_{NC} + F_{NFG} = 0$$

$$\sum Y = 0 \qquad F_{QC} + 60 - 10 \times 6 = 0$$

$$\sum M_C = 0 \qquad 60 \times 6 - 10 \times 6 \times \frac{6}{2} - F_{NFG} \times 1 = 0$$

由以上方程解出：

$$F_{NC} = -180 \text{kN} \qquad F_{QC} = 0 \qquad F_{NFG} = 180 \text{kN}$$

用结点法,考虑 G 点平衡(图 3-43)求出：

$$F_{NGB} \times \frac{3}{\sqrt{10}} = 180 \text{kN} \qquad F_{NGB} = 60\sqrt{10} \text{kN}$$

$$F_{NGE} + F_{NGB} \times \frac{1}{\sqrt{10}} = 0 \qquad F_{NGE} = \left(-60\sqrt{10} \times \frac{1}{\sqrt{10}} \right) \text{kN} = -60 \text{kN}$$

显然,杆 GE 受压,杆 GB 受拉。

取 CEB 段为隔离体(图 3-44),将 GB 杆的轴力分解到 x、y 两方向,分别为 -180kN 和 -60kN。

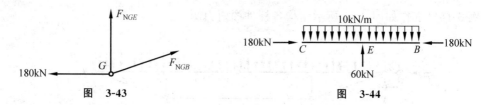

图 3-43   图 3-44

由于 B 点处还有原支座反力 F_{By},故 EB 杆在 B 点处的竖向力为零。

(3)求作此杆段的内力图

显然,此杆段的弯矩关于 E 点对称,剪力在 E 点有跳跃,轴力不变。依次取隔离体求出内力(略),将其内力绘于图 3-45 中。

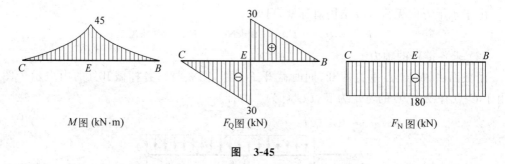

M图 (kN·m) F_Q图 (kN) F_N图 (kN)

图 3-45

由于对称的原因不再绘 ADC 杆内力图,它应与 CEB 杆相同,其他杆件为二力杆,则

$$F_{NGB} = 60\sqrt{10} \text{kN}(拉) \qquad F_{NAF} = 60\sqrt{10} \text{kN}(拉)$$

$$F_{NDF} = -60 \text{kN}(压) \qquad F_{NGE} = -60 \text{kN}(压)$$

若将该结构与相同跨度简支梁比较的话,简支梁是上缘受压,下缘受拉,最大弯矩为 $M_{\max} = \frac{1}{8} q l^2 = 180 \text{kN·m}$。该结构由于在 C 点处设置了铰,故中点(C 点)处看不到有最大弯矩存在的现象了。而此种情形下最大弯矩出现在 D、E 两点,其值为 45kN·m(上缘受拉,下缘受压),弯矩值降低了许多,这是因为 DF 和 EG 两竖杆作用的结果。另外 ADC 梁段和 CEB 梁段有了轴力。这里看到,该结构较之跨度相同的简支梁的受力状态要好。

例 3-17 作如图 3-46 所示刚架结构的弯矩图。

解：（1）求支座反力

该结构支座反力有 4 个，显然只利用整体平衡的 3 个方程还不够。

CD 杆和 CF 杆在 C 点铰结，C 点应无弯矩，做隔离体分析，其受力如图 3-47 所示，CF 杆两端的作用力应大小相等、方向相反；CD 杆亦是相同道理。

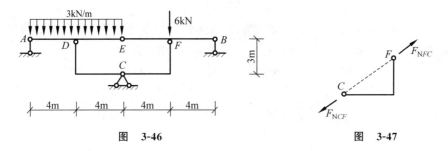

图 3-46   图 3-47

将 ADE 梁段和 EFB 梁段分别做隔离体（图 3-48）。

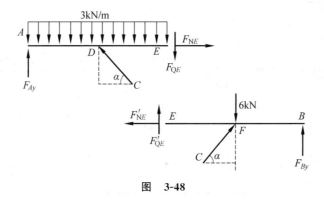

图 3-48

考虑 ADE 段的平衡：

$$\sum X = 0 \qquad F_{NE} - \frac{4}{5}F_{NCD} = 0$$

$$\sum Y = 0 \qquad F_{Ay} + \frac{3}{5}F_{NCD} - F_{QE} = 24$$

$$\sum M_D = 0 \qquad F_{Ay} \times 4 + F_{QE} \times 4 = 0$$

考虑 EFB 段的平衡：

$$\sum X = 0 \qquad \frac{4}{5}F_{NCF} - F_{NE} = 0$$

$$\sum Y = 0 \qquad F_{QE} + \frac{3}{5}F_{NCF} + F_{By} = 6$$

$$\sum M_F = 0 \qquad F_{By} \times 4 - F_{QE} \times 4 = 0$$

在这 6 个方程中含有 6 个未知量，求解此方程组可得支座反力：

$$F_{Ay} = 4.5\text{kN} \qquad F_{By} = -4.5\text{kN}$$

$$F_{NCF} = 25\text{kN} \qquad F_{NCD} = 25\text{kN}$$

E 点的内力为

$$F_{NE}=20\text{kN} \qquad F_{QE}=-4.5\text{kN}$$

（2）求作各杆变矩图

CF 曲杆上两端内力已知，故可作出整个杆上的弯矩图。ADE 梁 AD 段和 DE 段关于 D 点对称（在 DE 段内虽有轴力，但它不影响弯矩），求出 A、D、E 三点弯矩值：

$$M_A=0 \qquad M_D=-6\text{kN}\cdot\text{m} \qquad M_E=0$$

由此作出 ADE 段及 EFB 段的弯矩图，按前述的弯矩变化规律可得 ADE 段梁上的弯矩图。同理，对 EFB 梁采用同样方法可求取其弯矩图，结果见图 3-49。

$$M_E=0 \qquad M_F=-18\text{kN}\cdot\text{m} \qquad M_B=0$$

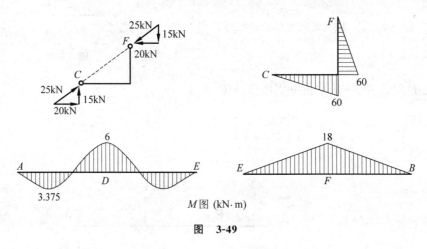

图 3-49

例 3-18 绘制如图 3-50 所示结构中 BC 段的弯矩图。

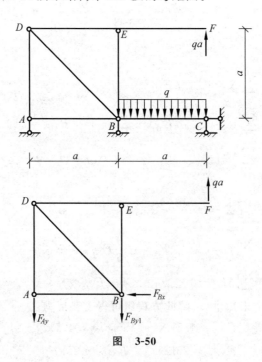

图 3-50

解：应先求支座反力，否则无法求出各杆的内力值。该结构有 4 个支座反力，只靠整体平衡的 3 个方程求支座反力还不够。对结构进行几何分析可知，BC 简支梁为基础部分，其余为附属部分，所以从 B 点将该结构拆分为两部分，分别考虑其平衡。

由左部分(图 3-50)的平衡得：

$$F_{Bx} = 0$$

$$F_{Ay} + F_{By1} = qa$$

$$F_{Ay} \cdot a = -qa \cdot a$$

解得：

$$F_{Ay} = -qa \qquad F_{Bx} = 0 \qquad F_{By1} = 2qa$$

按受力关系将左边结构对右边结构的作用力示于右边结构上，见图 3-51。

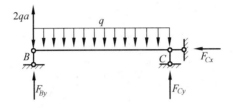

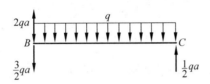

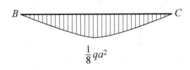

图　**3-51**

考虑右部分(BC 梁)的平衡得：

$$F_{Cx} = 0$$

$$F_{Cy} + F_{By} = -2qa + qa$$

$$F_{By} \cdot a + 2qa \cdot a - qa \cdot \frac{a}{2} = 0$$

解得：

$$F_{Cx} = 0$$

$$F_{Cy} = \frac{1}{2}qa$$

$$F_{By} = -\frac{3}{2}qa$$

BC 段梁的弯矩用截面法求出，如图 3-51 所示。

由以上两例题看到,对于一般多于3个约束的结构求其支座反力时,需对结构进行几何分析,将其从不同刚片处拆分或将附属部分与基本部分拆分。分别考虑其平衡就可找到求解支座反力的补充方程。这也是计算较为复杂结构支座反力的一般方法,在前几例中已用到,读者务必掌握。

3.7　静定三铰拱的受力分析

静定拱结构在桥梁、水工、屋盖及一些地下建筑中都有广泛应用。它是在竖向荷载作用下支座处会产生水平推力的曲线结构。图 3-52 给出了静定拱的结构部件名称。除此之外,还有一个经常用到的参数叫高跨比,定义是 f/l,这个值一般在 0.1～1,变化范围较大。

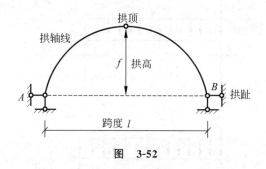

图　3-52

拱形结构中,还有两铰拱和无铰拱,如图 3-53 所示。

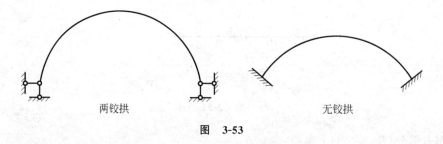

图　3-53

由于此两种形式的拱为超静定结构,本节不予讨论。

3.7.1　三铰拱的内力计算

拱的基本特点是在竖向荷载作用下有水平推力,即在支座 A、B 处有水平向支座反力,有时为消除这一支座反力,在拱的 A、B 两点之间做一道拉杆,如此之后,拉杆的轴力就是拱的推力,这一推力对拱轴线上的内力有重要影响。

下面计算三铰拱的内力,为讨论问题方便和使其力学特性更明晰,用一与此相同跨度的简支梁与其比较。

(1) 支座反力计算

简支梁的支座反力为

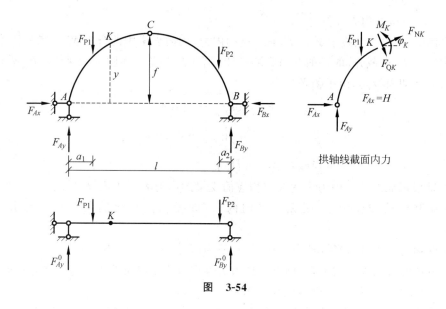

拱轴线截面内力

图　3-54

$$F_{Ay}^0 = \frac{1}{l}\left[F_{P1}(l-a_1)+F_{P2}a_2\right]$$

$$F_{By}^0 = \frac{1}{l}\left[F_{P1}a_1+F_{P2}(l-a_2)\right]$$

考虑拱的整体平衡，由 $\sum M_A = 0$ 和 $\sum M_B = 0$ 求出拱的支座竖向反力 F_{Ay} 和 F_{By}，其结果与相应简支梁的竖向反力相同，即

$$F_{Ay} = F_{Ay}^0 \qquad F_{By} = F_{By}^0$$

由 $\sum X = 0$ 得：

$$F_{Ax} = F_{Bx} \equiv H$$

说明 A、B 两点水平反力方向相反、大小相等，记为 H，称为拱的水平推力。为求出水平推力，在铰 C 处截开，C 处的弯矩为零，考虑 C 点左边隔离体平衡可得：

$$\sum M_C = 0$$

$$Hf - F_{Ay}\times\frac{l}{2}+F_{P1}\left(\frac{l}{2}-a_1\right)=0$$

化简得：

$$H = \frac{1}{f}\left[F_{Ay}\times\frac{l}{2}-F_{P1}\left(\frac{l}{2}-a_1\right)\right]$$

相应的简支梁对梁中点的弯矩 M_C^0 为

$$M_C^0 = F_{Ay}^0 \times \frac{l}{2}-F_{P1}\left(\frac{l}{2}-a_1\right)$$

M_C^0 的值刚好与 H 表达式中右边方括号内的值相等，所以

$$H = \frac{1}{f}M_C^0 \tag{3-6}$$

（2）拱轴线截面内力计算

计算图 3-54 中拱轴线上 $K(x_K, y_K)$ 点的内力，用简支梁中的弯矩 M_K^0 和 F_{QK}^0 作为参考。从拱轴上 K 点截开，取拱的左边为隔离体，隔离体上受力如图 3-54 所示，在 K 点处按截面的法向和切向投影，由平衡条件有：

$$\begin{cases} F_{QK} = F_{QK}^0 \cos\varphi_K - H\sin\varphi_K \\ F_{NK} = -F_{QK}^0 \sin\varphi_K - H\cos\varphi_K \\ M_K = M^0 - Hy_K \end{cases} \tag{3-7}$$

从以上拱轴线截面的 3 个内力表达式与相应简支梁的内力表达式比较可知：

（1）在竖向荷载作用下，梁无水平向内力（即无轴力），而拱在支座处有水平反力（推力）；

（2）拱轴线上各截面都有轴力存在，且一般为压力，相应剪力有所减小；

（3）由拱的弯矩表达式可知，拱支座推力的存在减小了拱轴线上的弯矩值（减小数量为 $F_{Ax}y$），这可使轴线上的材料更多地发挥作用。

由于拱是主要受压的一类结构物，它比梁更能发挥截面上材料的作用，故适用于较大跨度和较重的荷载工况，建造时可选用拉压性能较好而抗弯性能较差的材料，如砖、毛石、混凝土等。这些材料相对较为廉价。

三铰拱内力图的绘制较梁来说要困难一些，因为 M、F_Q 及 F_N 不再只是 x 的函数（一个变量的函数），它是 x 和 y 两个变量的函数，且函数形式较为复杂。故采用分点求值连线示出的做法，即将拱跨均等分成若干段后，将各段端点的内力标于图上，之后以平滑曲线拟合。分段越多图形越精准，限于工作量，一般分为 8~12 段。内力图有两种绘制法，一是以拱跨水平线为基线绘制，二是直接绘制在原拱轴线上。以下举例说明。

例 3-19 如图 3-55 所示的三铰拱拱轴线方程为 $y = \dfrac{4f}{l^2} x(l-x)$，三铰拱受图中荷载作用，求作其内力图。

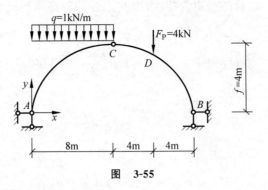

图 3-55

解：（1）求支座反力（力作用方向与前述相同）

由前述所总结的做法，考虑 3 个平衡条件，整体平衡时 $\sum M_A = 0$，$\sum M_B = 0$，以及由 C 点截开的左或右隔离体取 $\sum M_C = 0$，解得：

$$F_{Ay} = 7\text{kN} \qquad F_{By} = 5\text{kN} \qquad H = 6\text{kN}$$

（2）内力计算

这种形式难以写出内力的解析表达式。将拱沿跨度方向分成8份，求出每个截面处的 F_N、F_Q 及 M 数值，然后拟合给出各内力图。先以 $x=12\text{m}$ 处截面 D 点为例计算 F_{ND}、F_{QD} 和 M_D。

根据拱轴线方程知此点的坐标及切线夹角为

D 点坐标：$(x_D,y_D)=(12,3)$

$$\tan\varphi_D=\frac{\text{d}y}{\text{d}x}\bigg|_{x=x_D}=\frac{4f}{l^2}(l-2x)\bigg|_{x=x_D}=-0.5$$

$$\varphi_D=-26°34' \qquad \sin\varphi_D=-0.447 \qquad \cos\varphi_D=0.894$$

由式(3-7)得内力值：

$$M_D=M^0-Hy=(5\times4-6\times3)\text{kN}\cdot\text{m}=2\text{kN}\cdot\text{m}$$

这里的 M^0 由相应简支梁取右边作为隔离体计算出。

D 点是集中力作用点，其左、右侧内力会有突变（直杆时只有 F_Q 有突变，这里 F_Q 和 F_N 均有突变），所以分两侧计算（$F_{QD}^{0L}=-1\text{kN}$，$F_{QD}^{0R}=-5\text{kN}$）：

$$\begin{cases} F_{QD}^{L}=F_{QD}^{0L}\cos\varphi_D-H\sin\varphi_D=1.79\text{kN} \\ F_{ND}^{L}=-F_{QD}^{0L}\sin\varphi_D-H\cos\varphi_D=-5.81\text{kN} \end{cases}$$

$$\begin{cases} F_{QD}^{R}=F_{QD}^{0L}\cos\varphi_D-H\sin\varphi_D=-1.79\text{kN} \\ F_{ND}^{R}=-F_{QD}^{0R}\sin\varphi_D-H\cos\varphi_D=-7.6\text{kN} \end{cases}$$

其余各点内力值同此算法，将其列入表3-2中。

表3-2 三铰拱上各点内力计算结果

截面处的参数						F_Q^0	M^0	M	F_Q	F_N
x	y	$\tan\varphi$	φ	$\sin\varphi$	$\cos\varphi$					
0	0	1	45.00°	0.707	0.707	7	0	0	0.71	−9.19
2	1.75	0.75	36°52′	0.600	0.800	5	12	1.5	0.40	−7.80
4	3.00	0.50	26°34′	0.447	0.894	3	20	2.0	0	−6.70
6	3.75	0.25	14°20′	0.243	0.970	1	24	1.5	−0.49	−6.06
8	4.00	0	0	0	1	−1	24		−1.00	−6.00
10	3.75	−0.25	−14°20′	−0.243	0.970	−1	22	−0.5	0.49	−6.06
12	3.00	−0.50	−26°34′	−0.447	0.894	−1 −5	20	2.0	1.79 −1.79	−5.81 −7.60
14	1.75	−0.75	−36°52′	−0.600	0.800	−5	10	−0.5	−0.40	−7.80
16	0	−1.00	−45.00°	−0.707	0.707	−5	0	0	0.70	−7.78

将表3-2中的计算数据绘于三铰拱上，并绘出相同跨度简支梁受同样荷载的弯矩图，见图3-56。

请注意，在 D 点有集中荷载作用。在直梁中过此点时，只是剪力 F_Q 有突变，这里拱轴线为曲线形式，其轴力 F_N 也有突变。这里的突变可以考虑将外荷载集中力 F_P 分解到该

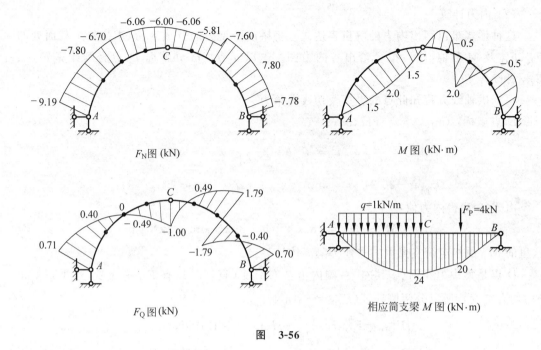

图 3-56

点切向和法向，所以，在 D 点它将在两个相互垂直的方向上引起内力 F_N 和 F_Q 的突变。

相应简支梁的最大弯矩为 24.5kN·m（在 $x=7$m 处），而该拱此处的相应弯矩为 2kN·m，弯矩有了急剧减少。这一例题用具体数值对前述说法给出了实证。

3.7.2 三铰拱的合理拱轴线

在固定荷载作用下使拱处于无弯矩状态时的拱轴线称为合理拱轴线。合理拱轴线是设计上的一个理想追求。在前述三铰拱内力计算中曾得到拱的弯矩表达式，只要令其为零，则此拱轴线就是合理拱轴线，其弯矩表达式为

$$M = M^0 - Hy_K$$

得合理拱轴线方程为

$$y = \frac{M^0}{H} \tag{3-8}$$

这里，M^0 是相应简支梁的弯矩函数表达式，而 H 是拱的推力，为常数。合理拱轴线与 M^0 成比例，而 M^0 与荷载有关，不同荷载有不同的 M^0 表达式（即弯矩图），也就说明不同的荷载作用下有不同的合理拱轴线，不同的推力 H 将给出一组相似的合理拱轴线。

例 3-20 图 3-57 中三铰拱受沿水平方向的竖向均布荷载 q 作用，求其合理拱轴线。

解：合理拱轴线与拱的水平推力和相应简支梁弯矩有关。这两个量可根据已有知识求得：

$$M^0 = \frac{q}{2}x(l-x)$$

$$H = \frac{M_C^0}{f} = \frac{ql^2}{8f}$$

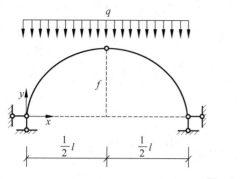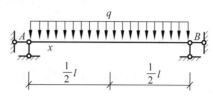

图 3-57

所以

$$y = \frac{M^0}{H} = \frac{4f}{l^2} x(l-x)$$

由此看到,此种情形下的合理拱轴线为一抛物线。正因如此,房屋建筑中拱的轴线多呈抛物线形状。

由此例看到,拱高 f 未确定,故具有不同高跨比的一组抛物线都是合理拱轴线。

例 3-21 如图 3-58 所示三铰拱受均匀承压力作用,求其合理拱轴线。

解:该问题的荷载是作用在拱上各点的法向压力。这一问题有其特点,拱上每一点受力状态相同,选取拱上任一微元体(图 3-59)进行受力分析。设拱微段轴线的曲率半径为 R,微段长 $ds = R d\varphi$,用 n 和 t 分别表示杆轴的法线和切线方向。考虑具一般性的一微段拱的平衡,设其上 n 方向受均布荷载 q_n,t 方向受均布荷载 q_t 作用。考查切向的平衡有:

$$(F_N + dF_N)\cos\frac{d\varphi}{2} - F_N\cos\frac{d\varphi}{2} - (F_Q + dF_Q)\sin\frac{d\varphi}{2} - F_Q\sin\frac{d\varphi}{2} + q_t ds = 0$$

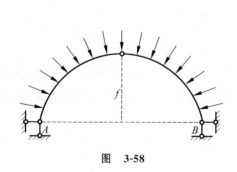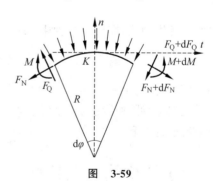

图 3-58　　　　　　　　　　　　图 3-59

因 $d\varphi$ 是微小量,故有 $\cos\dfrac{d\varphi}{2}=1$,$\sin\dfrac{d\varphi}{2}=\dfrac{d\varphi}{2}$,上式成为

$$dF_N - 2F_Q\frac{d\varphi}{2} + q_t ds = 0$$

上式略去了高阶小量,再化简为

$$dF_N - F_Q d\varphi + q_t ds = 0 \tag{a}$$

同样,考虑 K 点法向平衡,有:

$$-(F_Q + dF_Q)\cos\frac{d\varphi}{2} + F_Q\cos\frac{d\varphi}{2} - (F_N + dF_N)\sin\frac{d\varphi}{2} - F_N\sin\frac{d\varphi}{2} - q_n ds = 0$$

$$-dF_Q - 2F_N\frac{d\varphi}{2} - dF_N\frac{d\varphi}{2} - q_n ds = 0$$

$$dF_Q + F_N d\varphi + q_n ds = 0 \qquad (b)$$

对 K 点取矩,得:

$$M + dM - M - (F_Q + dF_Q)\cdot\frac{ds}{2} - F_Q\frac{ds}{2} = 0$$

$$dM - F_Q ds = 0 \qquad (c)$$

将上述三个方程再化简得:

$$\frac{dF_N}{ds} = \frac{1}{R}F_Q - q_t$$

$$\frac{dF_Q}{ds} = -\frac{1}{R}F_N - q_n$$

$$\frac{dM}{ds} = F_Q$$

这是曲杆(拱轴)内力与荷载的一般微分关系,类似式(3-2)。若令 $R\to\infty$,即曲杆成为直杆($ds\to dx$),则上式即为式(3-2)。

在本问题中 $q_t = 0$,$q_n = q$,故这一关系成为

$$\frac{dF_N}{ds} = \frac{1}{R}F_Q$$

$$\frac{dF_Q}{ds} = -\frac{1}{R}F_N - q$$

$$\frac{dM}{ds} = F_Q$$

求取合理拱轴线,即要求拱轴中 $M = 0$,得如下结果:

$$F_Q = 0 \qquad F_N = 常数 \qquad R = -\frac{1}{q}F_N = 常数$$

式中,R 是各截面的曲率半径。若其为常数,说明拱轴线上处处曲率相等,则此曲线必为圆。同时还知道,此种情况的拱轴线上剪力为零,轴力为常数,即各点截面轴力相同,这一点对工程来说非常有利。

3.8 静定结构的一般特性

3.8.1 静定结构的基本静力特性

静定结构的约束力和内力只用静力平衡条件就可以完全唯一确定,只与结构的形式、杆件长度和荷载有关,与材料性质和杆件断面尺寸无关。所以说,静定结构在满足平衡条件时内力解答具有唯一性。由此还可得到下面的一些特性:

(1)静定结构的支座沉降、制造误差、材料胀缩以及温度变化均不引起约束力和内力的

变化(图 3-60(a)、(b))。

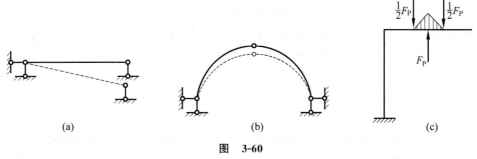

图　3-60

(a) 支座沉降；(b) 制造误差；(c) 局部平衡

(2) 当一平衡力系作用于静定结构中某一几何不变部分或可独立承受该平衡力系的部分结构上时,则结构的其余部分(离开平衡力系作用区域不远处)不产生约束力和内力,如图 3-60(c)所示情形,可称为结构的局部平衡特性。

(3) 在静定结构的某一几何不变部分上做荷载的静力等效变换时,其余部分的内力不变,如图 3-61 所示,可称为荷载等效特性。图中除 AB 杆(几何不变部分)之外其他杆件的内力及支座反力不变。

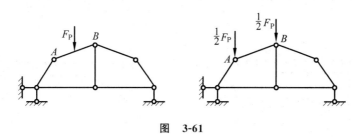

图　3-61

(4) 当静定结构内部的某一局部几何不变部分做构造改变时,仅被替换部分的内力发生变化,其余部分的内力及约束力保持不变,称为构造变换特性。图 3-62 中用一桁架代替了 CD 杆,但 AC 杆和 DB 杆的内力及其 A、B 两点的约束力不会变。

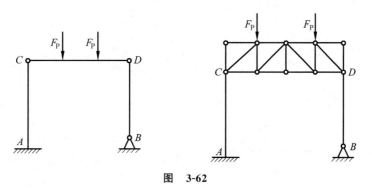

图　3-62

(5) 静定结构的内力与杆件截面的刚度无关,与杆件的材料性质(如弹性模量等)和截面尺寸形状(如面积和惯性矩)无关,仅取决于静力平衡条件。

3.8.2　几种基本结构形式的力学特征

本章讨论的静定结构形式有梁(单跨及多跨)、刚架、拱、桁架及组合结构。这些结构中的杆件分为链式杆和梁式杆,梁式杆的截面上通常有轴力(一般都比较小,有时为零)、剪力和弯矩,链式杆截面上只有轴力。梁式杆在截面上形成弯矩的正应力分布为三角形,中性轴附近应力很小,不利于发挥横截面上所有材料的强度。为了尽可能利用截面上所有材料,设计者希望尽量减小杆件截面上的弯矩。从这一要求出发,讨论几种最常用且较为简单的结构形式的特点。

(1)对静定多跨梁及伸臂梁结构,可设计合理的伸臂长度,从而使该结构杆端有了弯矩,而跨中的正弯矩有所减小。

(2)在桁架结构中,利用了荷载为集中力并作用在结点上的特点,达到结构中各杆均处于无弯矩状态,只有轴力作用。

(3)在有推力结构(拱结构)中,推力可以减少拱轴线上的弯矩峰值。

(4)在三铰拱中采用合理拱轴线可使拱达到无弯矩状态。若荷载较复杂时,可调整为接近无弯矩状态。

为更明确这些特点或者从数量上进行比较,做5种跨度相同的基本结构(图3-63),将这些结构受均布荷载作用时的弯矩图进行比对分析。M 图用阴影线示出,F_N 的大小标示在图中。

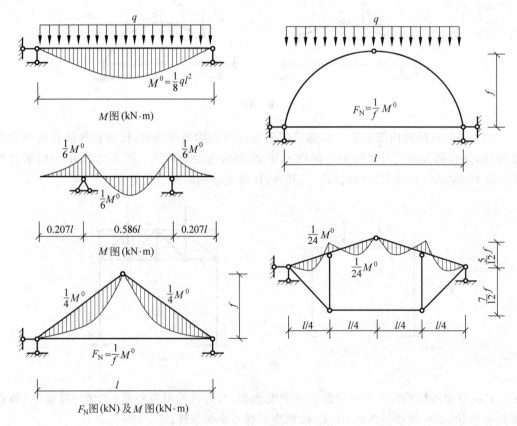

图　3-63

图 3-63 可以很好地、更直接地解释前面 4 条结论,应该说,各种结构形式都有优缺点,如单跨简支梁有其施工方便的优点;桁架的杆件多,结点构造比较复杂;三铰拱需要承受水平推力等。所以要经过全面的分析比较和衡量,才能确定选用哪种结构。

静定结构内力分析小结

平面静定结构的受力分析就是对结构的整体平衡分析以及其中每根杆件的内力求取,其方法就是利用三个平衡方程进行各种内力的计算求解。具体做法是选取结构整体以及拆分出其中的部分,考虑其平衡求解支座反力及某些杆件的内力。主要的内容有以下几点:

(1) 内力的正负规定及内力图画法的规定。

(2) 某段杆件上内力与外荷载的关系。

(3) 隔离体的取法:①暴露出欲求的未知力;②切断周围所有约束,以相应的约束力代替。

(4) 取隔离体的目的是为求出支座反力及某些欲求内力,若欲求未知力多于 3 个,隔离体应该多于 2 个(这一点在组合结构和拱结构中已举例说明);尽量避免切断梁式杆及桁架结构中的多根杆件,应利用已有结论简化未知力求法。

(5) 对于多跨、多层结构,要做几何组成分析,分清基本部分和附属部分,或者是几个刚片部分,拆分应当是在这些连接点处。

(6) 对于刚架结构要做刚结点处的平衡校核;对于桁架结构判别零杆,减少计算工作量。

(7) 可利用对称性简化计算工作。须记住,若结构对称、外荷载对称是对称问题,外荷载反对称即为反对称问题。

结构受力分析中有许多技巧,这要求读者力学概念清晰,并多做练习来掌握。

习题

一、判断题(对的打"√",错的打"×")

1.1　在非荷载因素(支座移动、温度变化、材料收缩等)作用下,静定结构不产生内力,但会有位移且位移只与杆件相对刚度有关。(　　)

1.2　静定结构受外界因素影响均产生内力,内力大小与杆件截面尺寸无关。(　　)

1.3　在地基条件差的时候,采用静定结构类的结构方案比较合适,因为当基础沉陷时,结构中不会产生内力。(　　)

1.4　习题 1.4 图结构支座 A 转动 φ 角,$M_{AB}=0$。(　　)

1.5　习题 1.4 图结构支座 A 转动 φ 角,$F_{QAB}=0$。(　　)

1.6　习题 1.4 图结构支座 A 转动 φ 角,$F_{Cy}=0$。(　　)

1.7　习题 1.7 图为一杆段的 M、F_Q 图,若 F_Q 图是正确的,则 M 图一定是错误的。(　　)

1.8　如习题 1.8 图所示两种类型简支梁的最大弯矩是相同的。(　　)

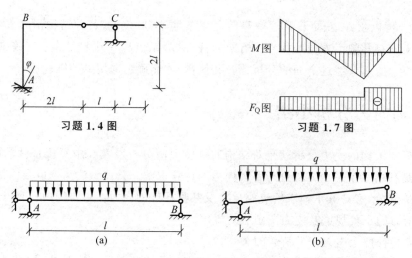

习题 1.4 图　　　　　　　　习题 1.7 图

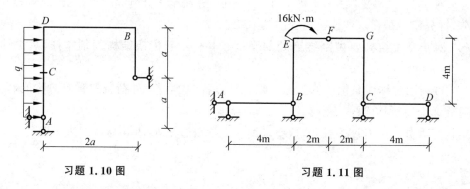

习题 1.8 图

1.9　荷载作用在静定多跨梁的附属部分时,基本部分一般内力不为零。(　　)

1.10　刚架受均布荷载作用,如习题 1.10 图所示,则截面 C 点处弯矩、剪力均为零。
(　　)

1.11　如习题 1.11 图所示刚架中,$F_{QBA}=0$。(　　)

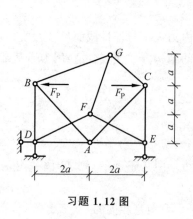

习题 1.10 图　　　　　　　　习题 1.11 图

1.12　习题 1.12 图中桁架 AB、AC 杆的内力不为零。(　　)

1.13　如习题 1.13 图所示桁架中 DE 杆的内力为零。(　　)

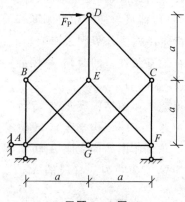

习题 1.12 图　　　　　　　　习题 1.13 图

1.14 习题 1.14 图中桁架中共有 3 根零杆。( )

1.15 习题 1.15 图中桁架中内力为零的杆件有 6 根。( )

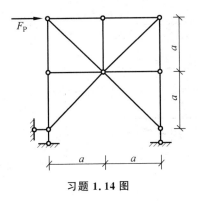

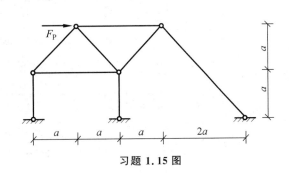

习题 1.14 图

习题 1.15 图

1.16 习题 1.16 图中桁架中内力为零的杆件有 15 根。( )

1.17 习题 1.17 图中对称桁架在对称荷载作用下,其零杆共有 3 根。( )

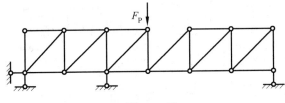

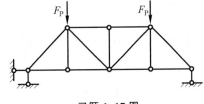

习题 1.16 图

习题 1.17 图

1.18 具有"合理拱轴线"的静定拱结构的内力为:$M \neq 0, F_Q \neq 0, F_N = 0$。( )

1.19 在相同跨度及竖向荷载作用下,拱脚等高的三铰拱,其水平推力随矢高减小而减小。( )

1.20 三铰拱在竖向荷载作用下,其支座反力与三个铰的位置有关,与拱轴形状无关。( )

1.21 由于水平推力的存在,拱式结构的弯矩比相应简支梁大。( )

二、填空题

2.1 如习题 2.1 图所示 AB 杆件的弯矩图,则杆上荷载 $F_P = \underline{\qquad}$。

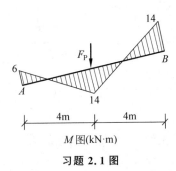

习题 2.1 图

2.2 已知多跨静定梁弯矩图(习题 2.2 图),则该梁在_____段承受方向朝下的均布荷载,其值为_____ kN/m;在 E 点承受方向朝下的集中荷载,其值为_____ kN。

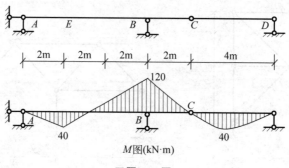

习题 2.2 图

2.3 习题 2.3 图的多跨静定梁中,$M_A =$_____。

2.4 习题 2.4 图中梁支座 B 处左侧截面的剪力 $F_{QB}^L =$_____。

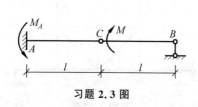

习题 2.3 图

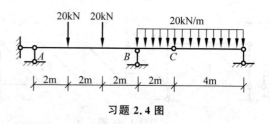

习题 2.4 图

2.5 如习题 2.5 图所示结构 A 截面的剪力为_____。

2.6 如习题 2.6 图所示结构中,无论跨度、高度如何变化,M_{CB} 永远等于 M_{BC} 的_____倍,使刚架_____侧受拉。

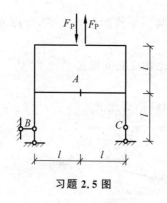

习题 2.5 图

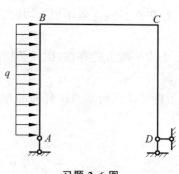

习题 2.6 图

2.7 对如习题 2.7 图所示结构作内力分析时,应先计算_____部分,再计算_____部分。

2.8 如习题 2.8 图所示桁架结构中,杆 1 的轴力为_____。

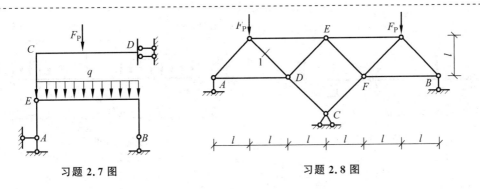

习题 2.7 图　　　　　　　　　习题 2.8 图

三、下列各图给出了杆件的弯矩图,试由此反推其荷载。

3.1　已知结构的弯矩图(习题 3.1 图),请在图中作出相应荷载图。

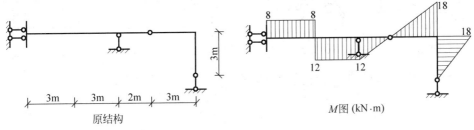

习题 3.1 图

3.2　已知结构的弯矩图(习题 3.2 图),请在图中作出相应荷载图。

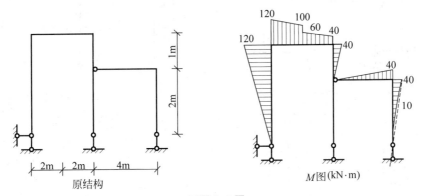

习题 3.2 图

四、绘出习题 4.1 图～习题 4.12 图所示各结构的弯矩图。

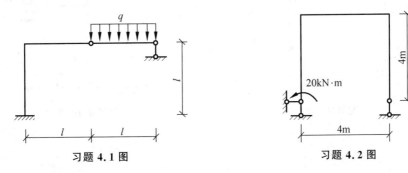

习题 4.1 图　　　　　　　　　习题 4.2 图

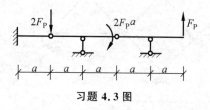

习题 4.3 图

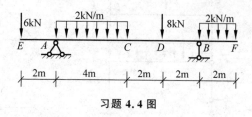

习题 4.4 图

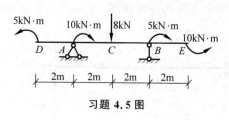

习题 4.5 图

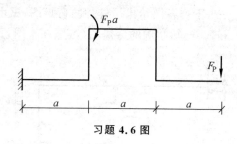

习题 4.6 图

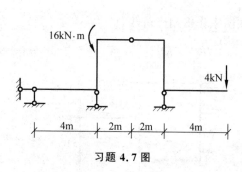

习题 4.7 图

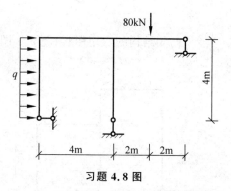

习题 4.8 图

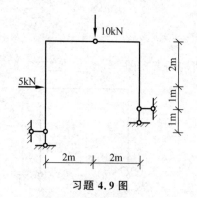

习题 4.9 图

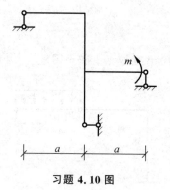

习题 4.10 图

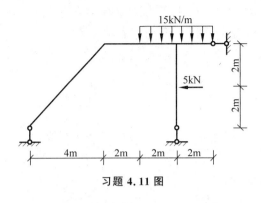

习题 4.11 图

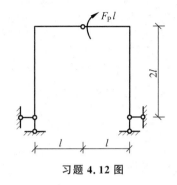

习题 4.12 图

五、计算下面各记号杆的轴力(习题 5.1 图～习题 5.4 图)

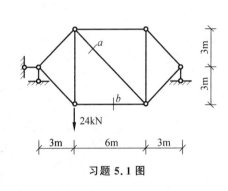

习题 5.1 图

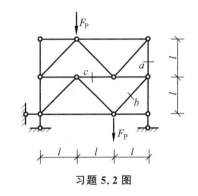

习题 5.2 图

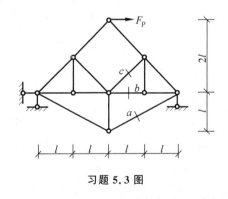

习题 5.3 图

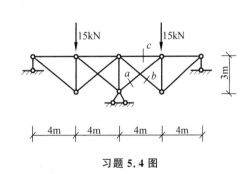

习题 5.4 图

六、计算题

6.1 求习题 6.1 图所示结构的支座反力。

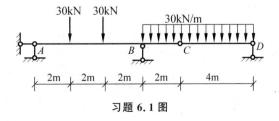

习题 6.1 图

6.2　求习题 6.2 图所示刚架支座反力,并绘弯矩图、剪力图和轴力图。

6.3　求习题 6.3 图所示结构支座反力,并绘弯矩图、剪力图和轴力图。

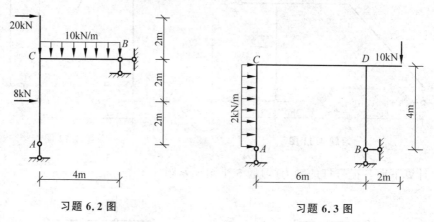

习题 6.2 图　　　　　　　　　习题 6.3 图

6.4　作习题 6.4 图所示结构弯矩图、剪力图和轴力图。

6.5　计算习题 6.5 图所示桁架指定杆件 1、2 的轴力。

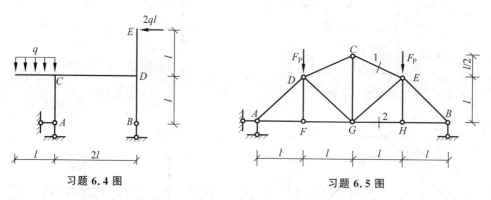

习题 6.4 图　　　　　　　　　习题 6.5 图

6.6　计算习题 6.6 图所示桁架指定杆件 1、2 的轴力。

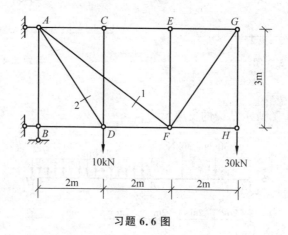

习题 6.6 图

6.7　求解习题 6.7 图所示组合结构绘制链杆的轴力图及梁式杆的剪力图和弯矩图。

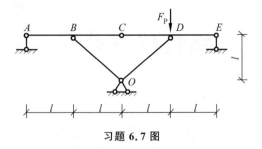

习题 **6.7** 图

6.8　求解习题 6.8 图所示三铰拱的支座反力和指定截面 K 的内力。已知轴线方程 $y = \dfrac{4f}{l^2} x(l-x)$。

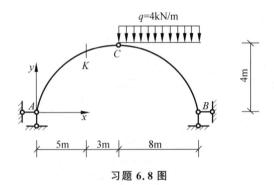

习题 **6.8** 图

第 3 章习题参考答案

第4章

结构位移计算

4.1 概述

任何结构在外荷载作用下都会产生变形,导致结构上各点都有可能从初始位置移动到一个新的位置即位移,如图4-1所示结构的变形及位移。

图4-1(a)中桁架由于外荷载 F_P 的作用,C 点移到了 C' 点,这是由于杆有轴力作用,杆件伸长或缩短所导致的结果。此时 C 点的位移就是 C 点到 C' 点的距离,称为线位移,将此线位移分解到水平方向和竖直方向(为了以后按方向或坐标计算方便),称为水平位移和竖向位移。

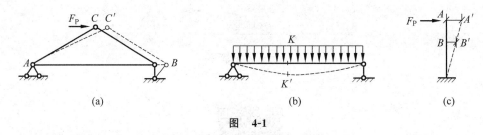

图 4-1

图4-1(b)中梁在外荷载作用下杆轴线由直线变为曲线,这些点连接起来即为该梁的挠度曲线。考查 K 点在变形过程中移到 K' 点的情形,K 点不但有线位移(即 K 点到 K' 点的距离),而且 K 点处原来的梁横截面垂直于梁轴线且竖直,现在 K' 点的横截面垂直于挠度曲线,其横截面较之前位置而言转过了一个角度 θ,称为 K 点的角位移(注意角位移是相对某个截面的)。

图4-1(c)中竖杆在外荷载作用下,A、B 两点分别移动到 A'、B' 点。若只考虑水平位移,记 A、B 两点的位移分别为 Δ_{AH} 和 Δ_{BH}(H 表示水平方向),这两个位移的差 $\Delta_{AB} = \Delta_{AH} - \Delta_{BH}$,称作该两点沿水平方向的相对位移。

结构位移计算的目的(或作用)有如下三点:

(1)作为结构刚度的指标。如梁的挠度最大值不可超过某个值;桁架工作时下弦杆向下的位移不得超过其允许值等,这些都需要计算某些点或某些结构整体的位移值或位移的函数表达式。

(2)指导结构施工。如大跨结构中为避免建成后出现明显的下垂情形,可在施工中预先设置一定的拱度(称为起拱),类似的问题如屋架的起拱预设。

(3)为超静定问题求解做基础。在分析超静定问题时,需要补充位移协调条件,必须用到位移计算。

位移计算的前提条件和范围：

（1）材料性质是线性弹性体材料，即材料符合胡克定律；

（2）结构受荷后各构件中任一点应力强度不超出强度要求范围；

（3）位移是微小的，即各点位移量相对于构件本身尺寸很小，且位移计算可使用叠加法（因为在数学上是线性问题）；

（4）体系是几何不变的，且其中所有约束均为理想约束，理想约束的定义是，在体系发生位移时约束力不做功。

结构位移计算以虚功原理为基础，将在介绍功能原理的基础上推导结构位移计算的一般公式。请注意虚功法是较简洁的方法，但不是唯一方法，如在材料力学中曾看到过用微分方程求得梁的挠度。

4.2 刚体体系的虚功原理

为了更清晰地说明虚功原理，并为变形体问题求解位移，利用该原理做基础工作，下面介绍虚功原理。

4.2.1 虚功概念

功是力与位移之积，力与位移是相对应的。如果力与位移彼此独立，二者无因果关系，这时力所做的功即虚功。现用简支梁受集中力作用情形来解释虚功概念。如图 4-2 所示，在 F_P 作用下梁轴线由直线到达实际挠曲线后平衡，若有其他因素（其他荷载、温度变化或支座移动等）影响，实际挠曲线继续发生微小变形而到达虚挠曲线所示位置，力 F_P 在这一段位移 Δ（实曲线到达虚曲线）上做的功即虚功（注意：力 F_P 与位移 Δ 无因果关系，不是对应量）。

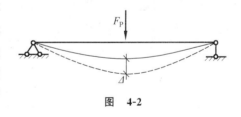

图 4-2

对于虚功必须注意：在同一体系或同一结构上，位移状态和力状态应是彼此独立的，虚功中的力可以是集中力也可以是力矩，还可以是一组力系，位移状态是相应的线位移和角位移，如图 4-3 所示。

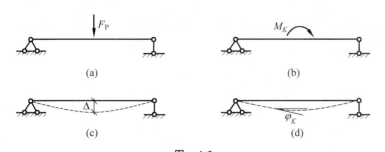

图 4-3

（a）、（b）力状态；（c）、（d）位移状态

结构中一般的虚功可表示为

$$W = \sum F_{Pi} \Delta_i + \sum M_i \varphi_i + \sum R_i c_i \qquad (4\text{-}1)$$

式中，F_{Pi}，Δ_i 分别为集中力和线位移；M_i，φ_i 分别为力矩和转角；R_i，c_i 分别为支座支承力和支座位移；还可以考虑温度因素引起的力及位移。

4.2.2　刚体体系的虚功原理

对具有理想约束的任一刚体体系，若力状态中的力系能满足平衡条件，位移状态中的位移能与几何约束条件相容(协调)，则其外力虚功为零，即

$$W = 0 \qquad (4\text{-}2)$$

该式也称为虚功方程。请注意，理想约束是在刚体位移中不产生摩擦和发热而消耗一定的功，如铰支座对其约束对象不产生转动摩擦；位移的相容或协调通俗地说就是可能位移，如悬臂梁的固定端就是物体在此处不可能有任何的线位移和角位移，还有桁架在铰结点处各杆只可能绕该点转动不可能脱开等，否则就是不相容(不协调)。

4.2.3　虚功原理方程的应用

1．利用虚设位移状态求解未知力

求如图 4-4 所示 B 点处的支座反力。

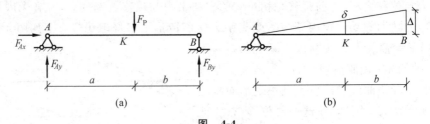

图　4-4
(a) 力状态；(b) 位移状态

为求 B 点支座反力，将 B 点支座(约束)去掉，虚设一种位移状态，该状态对于图 4-4(b)的情形是可能的，而且力系统 F_P、F_{Ax}、F_{Ay} 及 F_{By} 应是维持该结构平衡的力系。那么，根据虚功原理有：

$$W = F_{By} \Delta - F_P \delta = 0 \qquad (4\text{-}3)$$

这里共有 4 个力，其他 2 个力作用处无位移，故方程中不出现；另外，第二项的负号是因为力的方向与位移的方向相反。既然位移须协调，则图 4-4 中 Δ 与 δ 应有几何关系，即

$$\frac{\Delta}{a+b} = \frac{\delta}{a}$$

即

$$\delta = \frac{a}{a+b} \Delta \qquad (4\text{-}4)$$

由此求得：

$$F_{By} = \frac{a}{a+b} F_P$$

该问题的求解是给定力系、虚设位移之后，利用虚功原理求得支座反力，这种做法一般称为虚位移原理（此解法中先设定了满足协调的位移）。

再举一例，如图 4-5 所示连续梁，试求 B 点支座反力和 E 点的梁截面弯矩。

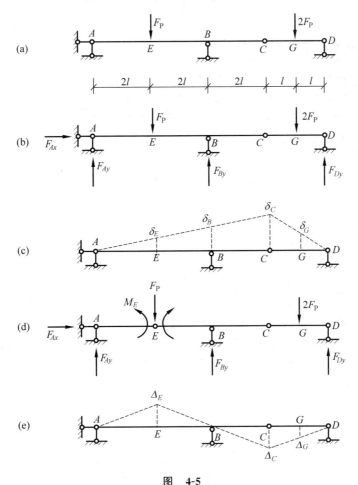

图 4-5

（a）力学模型；（b）、（d）力状态；（c）、（e）虚设位移状态

图 4-5（b）和（c）是欲求支座反力 F_{By} 时给出的力状态和位移状态，按虚位移原理，应有

$$-F_P\delta_E + F_{By}\delta_B - 2F_P\delta_G = 0 \tag{4-5}$$

从虚设位移状态图中得到 δ_E、δ_B 和 δ_G 的关系（以 δ_C 的形式给出）：

$$\delta_B = \frac{2}{3}\delta_C \qquad \delta_E = \frac{1}{3}\delta_C \qquad \delta_G = \frac{1}{2}\delta_C \tag{4-6}$$

将此代入式（4-5）得：

$$F_{By} = 2F_P$$

求内力 M_E 时，考虑图 4-5（d）和（e），虚位移原理方程为

$$-F_P\Delta_E + 2F_P\Delta_G + M_E\varphi_E = 0 \tag{4-7}$$

式中，φ_E 为 E 点转角，设 φ_E 为单位 1，由此可求得：

$$\Delta_E = 2l \qquad \Delta_C = 2l \qquad \Delta_G = l \tag{4-8}$$

将此几何参数代入式(4-7),得:

$$-F_\text{P} \cdot 2l + 2F_\text{P} \cdot l + M_E \times 1 = 0$$

求得:

$$M_E = 0$$

2. 利用虚设力状态求解未知位移

如图 4-6 所示静定梁,支座 A 有一个向上的位移 Δ_A,试求 B 点的位移 Δ_B。

为此,设定位移状态如图 4-6 所示,力系可根据求解意图来设。在 B 点设置单位荷载(易于计算),这个单位荷载与相应的支座反力应为一个虚设的平衡力系,由平衡条件(对 C 点取矩)得:

$$F_{Ay} = -\frac{b}{a} \tag{4-9}$$

利用虚功原理方程得:

$$\Delta_B \times 1 + \Delta_A \times F_{Ay} = 0 \tag{4-10}$$

解得:

$$\Delta_B = -\Delta_A F_{Ay} = \frac{b}{a} \Delta_A$$

从上面虚功原理的两种应用形式可清楚地看到,两者存在对偶性。前一种位移是由几何关系计算,保证了协调,未知力利用虚功原理方程求得;后一种刚好相反,力系是由平衡方程计算的,而位移由虚功原理方程求得。

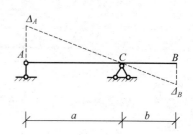

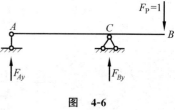

图　4-6

4.3　结构位移计算的公式

将虚功原理应用于变形体系上,不仅要考虑外力做的虚功,还要考虑体系在变形过程中储蓄的虚应变能。下面按一般情形推导出这两个量的表达式。

4.3.1　变形直杆的外力虚功和虚应变能

考虑一般情况,取一微段直杆计算,如图 4-7 所示,直杆长度为 $\mathrm{d}x$,A 点的坐标为 x,B 点的坐标为 $x+\mathrm{d}x$;其间受到垂直于杆轴线的均布载荷 $q(x)$,均布力矩 $m(x)$ 和沿杆轴方向的均布力 $p(x)$ 作用;在杆的两端受三个内力作用;A 点位移为 (u_A, v_A, φ_A),B 点位移为 (u_B, v_B, φ_B),其中 u、v、φ 分别表示在水平方向的线位移、垂直方向的线位移以及端点处截面的转角。

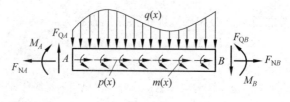

图　4-7

该段直杆的外力虚功为

$$W = (F_{NB}u_B + F_{QB}v_B + M_B\varphi_B) - (F_{NA}u_A + F_{QA}v_A + M_A\varphi_A) +$$

$$\int_A^B (pu + qv + m\varphi)\mathrm{d}x \tag{4-11}$$

注意：A、B 两点的各力学量为常量(在一固定截面上,不随坐标 x 变化),A 点到 B 点中间的各力学量随坐标 x 而变化,故是 x 的函数。另外,杆端的内力在此取隔离体情形下应是外力。

在外荷载作用下,杆内各点自然会有变形产生,相应的内力也会做功,由于这是应变和内力造成的,故称其为虚应变能 V。在考虑变形的情况下,杆上各点的变形有三种:在轴力作用下的伸缩变形,在剪力作用下的剪切错动变形,以及在弯矩作用下的截面转动变形。现将这三种变形的几何形状绘于图 4-8 中(实线为原状,虚线为变形后的形状)。

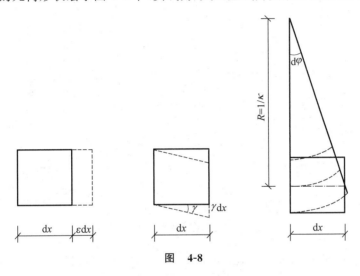

图　**4-8**

该段直杆的虚应变能 V 为(按每一点写出其微分量,再积分得到)

$$\mathrm{d}V = F_N \varepsilon \mathrm{d}x + F_Q \gamma \mathrm{d}x + M\kappa \mathrm{d}\varphi$$

$$V = \int_A^B F_N \varepsilon \mathrm{d}x + \int_A^B F_Q \gamma \mathrm{d}x + \int_A^B M\kappa \mathrm{d}\varphi \tag{4-12}$$

4.3.2　变形体系的虚功原理

变形体系虚功原理叙述为:在变形体系上,若力状态中的力系满足平衡条件,位移状态中的应变满足协调条件,则外力所做虚功就等于内部的虚应变能,即

$$W = V \tag{4-13}$$

对此原理做点说明,上述这个方程实际上与刚体体系的虚功原理相同,两者对力系和位移状态的要求是一样的,在刚体体系中因为无变形(各应变量全为 0),就只有 W 一项,故 $W = 0$,在变形体体系中,由于体系中的各构件有变形,所以构件在内部就积蓄了一定的变形能,这就是虚应变能,那么这两项的代数和 $(W - V)$ 为零,或说外虚功等于内虚功。所以要求结构体系具有理想约束是必须的(若约束非理想,则会消耗掉一定的能量,这部分能量的数值未知,故严格的等式就不可能成立)。

还应强调："虚"字是指力状态与位移状态无关,无其他含义;由于这一原因引起的应变是由位移推导出的,而非由内力求出,故未用到物理方程,所以虚功原理不涉及材料性质;显然,真实的力系状态和位移状态应包括在虚设的力状态或位移状态中,或者说真实的力系状态和位移状态是虚设力系状态和位移状态中的一种。

虚功原理在具体应用时可有两种形式,在式(4-13)中,若平衡力系是实际的,位移状态是虚设的,称为虚位移原理,则可利用该方程求出未知力。反过来,位移状态是实际存在的,平衡力系是虚设的,称为虚力原理,则可利用该方程求出位移。

4.3.3 单位荷载法及位移计算的一般公式

用下面一结构说明求解位移的问题。如图 4-9 所示简支刚架结构,在荷载、温度和支座位移三因素影响下,有一实际位移状态。现在求 K 点处截面沿任一指定方向($i—i'$)上的位移。

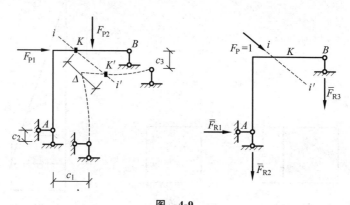

图　4-9

为此建立一平衡力系状态(虚拟的),在 K 点沿欲求位移方向加一单位荷载,求出与支座移动 c_1、c_2、c_3 等相应的支座反力 $\bar{F}_{R1}$、$\bar{F}_{R2}$、$\bar{F}_{R3}$ 及内力 $\bar{M}$、$\bar{F}_Q$、$\bar{F}_N$。

由式(4-13)知

$$W = 1 \cdot \Delta + \bar{F}_{R1} \cdot c_1 + \bar{F}_{R2} \cdot c_2 + \bar{F}_{R3} \cdot c_3 = \Delta + \sum \bar{F}_{Rj} \cdot c_j$$

注意:未给 B 支座处水平方向位移是因为该方向支座反力为零,虚功也为零;两支座处反力向下标示是为了与位移方向一致。

设在刚架中各杆的内力为 $\bar{M}$、$\bar{F}_Q$ 和 $\bar{F}_N$(这是可求的),则

$$V = \sum \int \bar{M} \mathrm{d}\theta + \sum \int \bar{F}_Q \mathrm{d}\gamma + \sum \int \bar{F}_N \mathrm{d}u$$

按虚功原理 $W = V$,可得:

$$\Delta = \sum \int \bar{M} \mathrm{d}\theta + \sum \int \bar{F}_Q \mathrm{d}\gamma + \sum \int \bar{F}_N \mathrm{d}u - \sum \bar{F}_{Rj} c_j \tag{4-14}$$

式中,$\mathrm{d}\theta$、$\mathrm{d}\gamma$ 及 $\mathrm{d}u$ 是构件上各点处截面上的变形量。代入式(4-14)中求出了该刚架 K 点沿 $i—i'$ 方向的位移,这一公式具有一般性,这就是利用虚功原理得到的结构位移计算的一般公式。构造(假设)力时,用了单位荷载,便于计算位移。

以后求位移时可采用这种方法,这种求位移的方法即单位荷载法。

用式(4-14)计算结构位移,它适用于静定结构,也适用于超静定结构;适用于弹性材

料,也适用于非弹性材料;适用于荷载、温度、支座移动及初应变等各因素引起的位移计算。

结构某点的位移包括线位移、角位移和相对位移。只要虚拟状态中的虚单位荷载为拟求位移相对应的广义力即可。

4.4   静定结构在荷载作用下的位移计算

4.3 节推导出了式(4-14),这一公式还不便直接计算结构的位移,现将其简化并利用物理关系推导出用于平面结构位移计算的公式。

若无支座位移,则式(4-14)为

$$\Delta = \sum \int \bar{F}_N \varepsilon \, \mathrm{d}s + \sum \int \bar{F}_Q \gamma \, \mathrm{d}s + \sum \int \bar{M} \kappa \, \mathrm{d}s \tag{4-15}$$

式中,ε、γ、κ 是由于荷载引起的,而由物理关系知,此三个量与相应的内力及材料常数的关系为

$$\varepsilon = \frac{F_{NP}}{EA} \qquad \gamma = k\frac{F_{QP}}{GA} \qquad \kappa = \frac{M_P}{EI}$$

式中,下标 P 表示该量是由荷载引起的;EA、GA 及 EI 分别为杆件截面的抗拉、抗剪及抗弯刚度;k 是与截面形状有关的量,对于矩形截面 $k=1.2$,对于圆形截面 $k=10/9$,对于工字型截面 $k=A/A_1$(A_1 为腹板面积)。

将上述关系代入式(4-15),则有:

$$\Delta = \sum \int \frac{\bar{F}_N F_{NP}}{EA} \, \mathrm{d}s + \sum \int k\frac{\bar{F}_Q F_{QP}}{GA} \, \mathrm{d}s + \sum \int \frac{\bar{M} M_P}{EI} \, \mathrm{d}s \tag{4-16}$$

该式可用于杆件结构在荷载作用下的位移计算。强调一下,$\bar{F}_N$、$\bar{F}_Q$ 和 $\bar{M}$ 为虚拟状态中由虚单位荷载引起的相应内力,F_{NP}、F_{QP} 及 M_P 为实际荷载作用下引起的相应内力。这6 个量在静定结构中均可利用平衡条件求取,故静定结构在荷载作用下的位移均可由此公式计算得到。

理论上讲,杆件结构的位移计算由式(4-16)求得。对于之前介绍的 5 种结构,结构杆件的内力是有特点的,按照各种结构内力的特点给出相应的位移计算公式。

(1)梁和刚架结构,这两种结构中各杆件的轴向变形和剪切变形相较于弯曲变形小很多,可以略去。计算这两种结构的位移时,式(4-16)可取为

$$\Delta = \sum \int \frac{\bar{M} M_P}{EI} \, \mathrm{d}s$$

(2)桁架结构,其中杆件为二力杆,内力只有 F_N 一项且内力 F_N 不沿杆的长度变化,求位移时式(4-16)可取为

$$\Delta = \sum \int \frac{\bar{F}_N F_{NP}}{EA} \, \mathrm{d}s$$

(3)拱结构,按式(4-16)计算,但对各种不同荷载和拱轴曲线形式,其内力有不同特点,若为理想拱轴线时,主要考虑轴力 F_N 对位移的影响。

(4)复杂结构,该结构中一些杆件受弯,一些杆件只受轴力作用,故对于不同的杆件分别只计算弯曲项引起的位移或轴力引起的位移,而整个结构的位移计算应为

$$\Delta = \sum \int \frac{\overline{F}_N F_{NP}}{EA} ds + \sum \int \frac{\overline{M} M_P}{EI} ds$$

下面用典型的例题演示各种结构在荷载作用下求位移的方法。

例 4-1　求图 4-10 所示悬臂梁 A 点的竖向位移，梁截面为矩形，材料常数 E、G 已知。

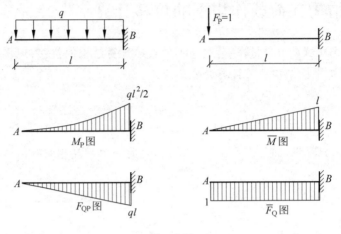

图　4-10

解：(1) 求出荷载作用下的 M_P 和 F_{QP}（此情形下无轴力），取隔离体，由平衡得：

$$M_P = -\frac{1}{2}qx^2 \qquad F_{QP} = -qx$$

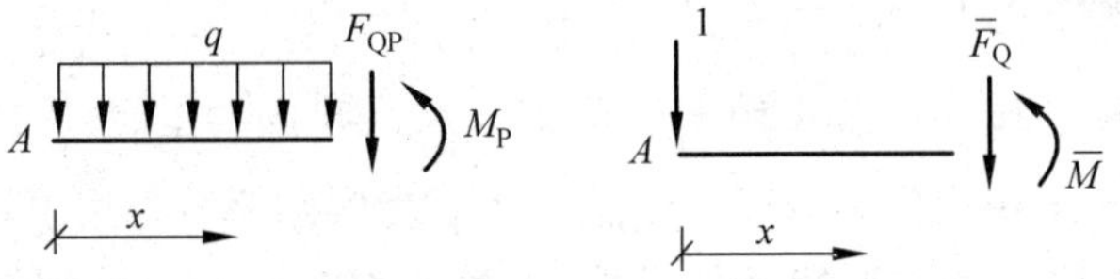

图　4-11

(2) 在 A 点施加虚单位荷载后，求 $\overline{M}$ 和 $\overline{F}_Q$：

$$\overline{M} = -x \qquad \overline{F}_Q = -1$$

用式(4-16)计算该结构 A 点的竖直向下位移：

$$\Delta = \sum \int_0^l \frac{\overline{M} M_P}{EI} dx + \sum \int_0^l 1.2 \times \frac{\overline{F}_Q F_{QP}}{GA} dx$$

$$= \frac{1}{EI} \sum \int_0^l x \times \frac{1}{2}qx^2 dx + \frac{1.2}{GA} \sum \int_0^l qx \, dx$$

$$= \frac{1}{8} \frac{1}{EI} ql^4 + 0.6 \times \frac{1}{GA} ql^2$$

材料常数 $\dfrac{E}{G} = 2(1+\nu)$，ν 一般为 1/3 左右，所以取 $G = \dfrac{3}{8}E$。

该位移由两部分组成，前一项由弯曲变形引起，后一项由剪切变形引起，考虑了材料常数关系及梁截面尺寸（宽为 b，高为 h），来比较这两项的大小。

$$\frac{\sum \int_0^l 1.2 \times \dfrac{\overline{F}_Q F_{QP}}{GA} dx}{\sum \int_0^l \dfrac{\overline{M} M_P}{EI} dx} = \frac{0.6 \times \dfrac{1}{GA} q l^2}{\dfrac{1}{8} \dfrac{1}{EI} q l^4} = 4.8 \frac{EI}{GAl^2} = 1.07 \left(\frac{h}{l}\right)^2$$

若 h/l 在 $1/20 \sim 1/10$ 范围的话,上述值在 $0.27\% \sim 1.07\%$。对于一般梁来说,忽略剪切变形对梁位移的影响是可以的,但对于深梁要视 h/b 的比值来考虑,不可笼统地忽略。

例 4-2　求图 4-12 所示简支梁受均布荷载作用时中点的竖向位移 Δ_{CV} 和 B 点截面的转角 φ_B(EI、EA 均为常数)。

解:(1)求中点 C 处的竖向位移 Δ_{CV}

为此给出虚拟状态(在欲求位移点处加虚拟单位荷载)。求出内力弯矩和剪力,注意问题的对称性。

真实状态

$$M_P = \frac{1}{2} q x (l - x)$$

$$F_{QP} = \frac{1}{2} q (l - 2x)$$

虚拟状态($0 \leqslant x \leqslant l/2$)

$$\overline{M} = \frac{1}{2} x \qquad \overline{F}_Q = \frac{1}{2}$$

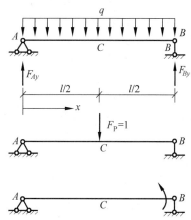

图　4-12

由式(4-16)得(轴力为零):

$$\Delta_{CV} = 2 \times \left(\int_0^{l/2} \frac{\overline{M} M_P}{EI} dx + \int_0^{l/2} \frac{\overline{F}_Q F_{QP}}{GA} dx \right)$$

$$= 2 \times \int_0^{l/2} \frac{1}{EI} \left[\frac{1}{2} q x (l - x) \right] \times \frac{1}{2} x \, dx + 2 \times \int_0^{l/2} k \frac{1}{GA} \left[\frac{1}{2} q (l - 2x) \right] \times \frac{1}{2} dx$$

$$= \frac{5}{384 EI} q l^4 + k \frac{1}{GA} q l^2$$

考查弯曲项和剪切项对位移的影响,取 $G = \dfrac{3}{8} E$,若梁截面为矩形(宽为 b,高为 h),那么,这两项的比(后项比前项)为 $2.56(h/l)^2$,按前例高跨比情况来讨论,剪切变形引起的位移只占弯曲引起位移量的 $0.64\% \sim 2.56\%$,占比较小可以略去。鉴于这一数量的比较,以后对梁和刚架结构(受弯构件)只考虑弯矩引起的位移,略去剪切变形引起的位移。

(2)求 B 点处梁截面转角 φ_B

在该结构的 B 点处加一虚拟单位荷载(单位弯矩,对应于转角),此时,求得虚拟状态的弯矩为

$$\overline{M} = \frac{x}{l} \quad (0 \leqslant x \leqslant l)$$

那么

$$\varphi_B = \int_0^l \frac{1}{EI} \left[\frac{1}{2} q x (l - x) \right] \times \frac{x}{l} dx$$

$$= \frac{q l^3}{24 EI}$$

结果为正值,说明 B 点梁截面的转动与虚拟单位荷载方向相同。

例 4-3 如图 4-13 所示一桁架受荷载作用,求 C 点的竖向位移 Δ_{CV}。各杆的 EA 不变。

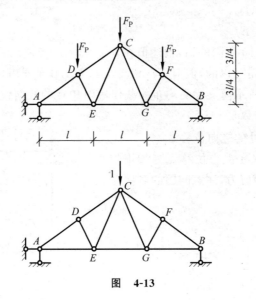

图 4-13

解:在原结构欲求竖向位移点处加一单位竖向荷载,对这两种情况求出各杆的轴力,利用式(4-16)最后一项计算求得 Δ_{CV}。

各杆轴力的求法是,先求支座反力,然后由 A、B 点平衡求出该结点处两杆的轴力,依次类推求出所有杆件的轴力。为方便起见将参与计算的这些数据列于表 4-1 中。

表 4-1

杆件	长度	F_{NP}	$\bar{F}_N$	$F_{NP}\bar{F}_N l$
AD	$1.061l$	$-2.121F_P$	-0.707	$1.591F_P l$
DC	$1.061l$	$-1.768F_P$	-0.707	$1.326F_P l$
DE	$0.79l$	$-0.79F_P$	0	0
CE	$1.58l$	$0.79F_P$	0	0
AE	l	$1.5F_P$	0.50	$0.75F_P l$
EG	l	F_P	0.50	$0.50F_P l$

由于结构对称,除 EG 杆外,其余 5 根杆与右边相应位置杆件对称。

$$\Delta_{CV} = \sum \frac{\bar{F}_{Ni}F_{NPi}}{EA}l_i$$

$$= \frac{1}{EA}[2 \times (1.591 + 1.326 + 0.75) + 0.50]F_P l$$

$$= \frac{7.834F_P l}{EA}$$

设 $F_P = 10\text{kN}$,$E = 850\text{kN/cm}^2$,$A = 32\text{cm}^2$,$l = 12\text{m}$,则

$$\Delta_{CV} = 0.035\text{m} = 3.5\text{cm}$$

例 4-4　图 4-14 中拱结构沿水平线受均布荷载作用,拱轴线为圆弧线,半径为 R,试求 B 点处竖向位移 Δ_{BV}。

解:按前述方法,在 B 点加虚拟单位荷载(图 4-14),分别求出单位荷载和实际荷载作用下的内力。取 B 点为坐标原点,任一点 C 的坐标为 (x,y),圆心角为 θ。实际荷载作用下:

$$M_P = -\frac{1}{2}qx^2$$

$$F_Q = qx\cos\theta$$

$$F_N = -qx\sin\theta$$

虚拟单位荷载作用下:

$$\overline{M} = -x$$

$$\overline{F}_Q = \cos\theta$$

$$\overline{F}_N = -\sin\theta$$

代入式(4-16),得:

$$\Delta_{BV} = \int \frac{\overline{M}M_P}{EI}\mathrm{d}s + \int k\frac{\overline{F}_Q F_{QP}}{GA}\mathrm{d}s + \int \frac{\overline{F}_N F_{NP}}{EA}\mathrm{d}s$$

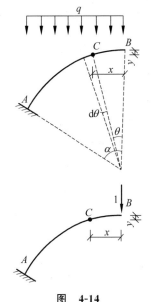

图　4-14

用 Δ_M、Δ_Q、Δ_N 分别表示由弯矩、剪力和轴力引起的位移,则

$$\Delta_{BV} = \Delta_M + \Delta_Q + \Delta_N$$

$$\Delta_M = \int_B^A \frac{\overline{M}M_P}{EI}\mathrm{d}s = \frac{q}{2EI}\int_B^A x^3 \mathrm{d}s$$

$$\Delta_Q = \int_B^A k\frac{F_{QP}\overline{F}}{GA}\mathrm{d}s = \frac{kq}{GA}\int_B^A x\cos^2\theta \mathrm{d}s$$

$$\Delta_N = \int_B^A \frac{F_{NP}\overline{F}_N}{EA}\mathrm{d}s = \frac{q}{EA}\int_B^A x\sin^2\theta \mathrm{d}s$$

由于沿曲线积分,积分变量用 θ。x、y 与 θ 的关系为

$$x = R\sin\theta \qquad y = R(1-\cos\theta) \qquad \mathrm{d}s = R\mathrm{d}\theta$$

对上式积分,得:

$$\Delta_M = \frac{qR^4}{2EI}\int_0^\alpha \sin^3\theta \mathrm{d}\theta$$

$$\Delta_Q = \frac{kqR^2}{GA}\int_0^\alpha \cos^2\theta \sin\theta \mathrm{d}\theta$$

$$\Delta_N = \frac{qR^2}{EA}\int_0^\alpha \sin^3\theta \mathrm{d}\theta$$

注意到

$$\int_0^\alpha \sin^3\theta \mathrm{d}\theta = \int_0^\alpha (1-\cos^2\theta)\sin\theta \mathrm{d}\theta = \int_0^\alpha -(1-\cos^2\theta)\mathrm{d}\cos\theta$$

$$= \left[-\cos\theta + \frac{1}{3}\cos^3\theta\right]_0^\alpha = -\cos\alpha + \frac{1}{3}\cos^3\alpha + \frac{2}{3}$$

$$\int_0^\alpha \cos^2\theta \sin\theta \mathrm{d}\theta = \int_0^\alpha -\cos^2\theta \mathrm{d}\cos\theta = \frac{1}{3}(1-\cos^3\alpha)$$

所以

$$\Delta_M = \frac{qR^4}{2EI}\left(\frac{2}{3}-\cos\alpha+\frac{1}{3}\cos^3\alpha\right)$$

$$\Delta_Q = \frac{kqR^2}{GA}\times\frac{1}{3}(1-\cos^3\alpha)$$

$$\Delta_N = \frac{qR^2}{EA}\left(\frac{2}{3}-\cos\alpha+\frac{1}{3}\cos^3\alpha\right)$$

若 $\alpha=90°$ 的话,则

$$\Delta_M = \frac{qR^4}{3EI} \qquad \Delta_Q = \frac{kqR^2}{3GA} \qquad \Delta_N = \frac{2qR^2}{3EA}$$

仿照上例,在本例中仍进行各内力对位移的影响的比较。

取 $\alpha=90°$,$h/R=1/10$,$E/G=8/3$,$I/A=h^2/12$(h 为拱轴的横截面高度),$k=1.2$。

$$\frac{\Delta_Q}{\Delta_M} = \frac{kqR^2}{3GA}\times\frac{3EI}{qR^4} = \frac{2}{9}k\left(\frac{h}{R}\right)^2 = \frac{1}{375}$$

$$\frac{\Delta_N}{\Delta_M} = \frac{2qR^2}{3EA}\times\frac{3EI}{qR^4} = \frac{1}{6}\left(\frac{h}{R}\right)^2 = \frac{1}{600}$$

计算结果表明,在此条件下,剪力和轴力引起的位移与由弯矩引起的位移相比可忽略不计。但对于理想拱轴线,要计及轴力的影响,而且轴力是最主要的内力。

4.5　图乘法

在位移的计算中需要做如下的积分计算:

$$\int \frac{\overline{M}M_P}{EI}\mathrm{d}s$$

这一计算有时较为麻烦,现推导一个更为简便的算法。在前述求取杆件内力工作中发现弯矩一般为一次或二次函数,一般 M_P 和 $\overline{M}$ 的表达式都会有一个为一次函数(图形为直线),所以,设上述积分计算符合以下条件:

(1) EI＝常数(这点符合大多数情况,有时可分段);

(2) 杆件为直杆;

(3) M_P 和 $\overline{M}$ 的图形中至少有一个为直线图形。

其实只要梁和刚架各杆件均为等直杆,则以上三个条件能自然满足。

现以图 4-15 所示两弯矩图来说明图乘法,其中一个图形为直线形,另一个图形为任意形状(当然线形时更为简单),推导图乘法公式(设 M_P 为任意图形,$\overline{M}$ 为直线形,反过来也一样)。

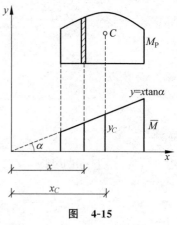

图　4-15

$$\int \frac{M_P\overline{M}}{EI}\mathrm{d}s = \frac{1}{EI}\int M_P x\tan\alpha \mathrm{d}x = \frac{\tan\alpha}{EI}\int M_P x\mathrm{d}x$$

式中, $\mathrm{d}s = \mathrm{d}x$, $\overline{M} = x\tan\alpha$, EI 为常数。

按积分的几何意义可知, $M_\mathrm{P}\mathrm{d}x$ 就是 M_P 图中阴影部分面积, 是一微小面积(记为 $\mathrm{d}A$), 再乘以 x 的话, 它就是该微小面积对 y 轴的静矩(材料力学中已学习过), 故积分式为 $\int M_\mathrm{P}x\mathrm{d}x = \int x\mathrm{d}A = Ax_C$, 整个 M_P 图对 y 轴的静矩应等于 M_P 图的面积 A 乘以其形心到 y 轴的距离 x_C。由此推得:

$$\int \frac{M_\mathrm{P}\overline{M}}{EI}\mathrm{d}s = \frac{\tan\alpha}{EI}Ax_C = \frac{1}{EI}Ay_C \tag{4-17}$$

式中, $y_C = x_C\tan\alpha$, y_C 即为 $\overline{M}$ 图中 x_C 点对应的函数值(竖向坐标值)。式(4-17)为图乘法的计算公式, 它将一个积分计算转化成了一个几何问题, 且计算工作简便许多。这里 A 为曲线形(也可是直线形)图形的面积, y_C 必须是取自直线图形中。

用图乘法计算位移时, 必须知道常见的弯矩图图形面积及其形心位置, 这些资料在图 4-16 中给出。

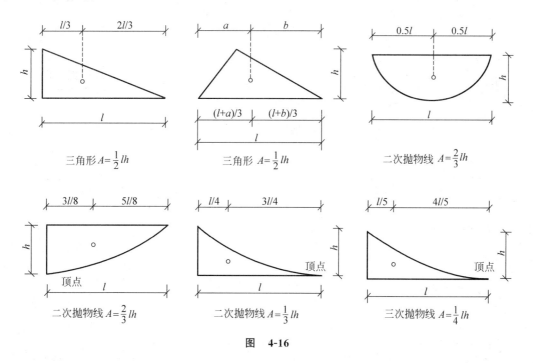

图 4-16

需要说明, 图中所示抛物线为标准抛物线(含有其切线平行于基线的顶点, 且顶点在中点或端点)。应用图乘法时应注意:

(1) 推导图乘公式时三个前提条件。

(2) A 和 y_C 不来自于一个图形; 竖标 y_C 是取自直线图, A 是另一图形的面积。

(3) 当两个弯矩图在直杆的同侧时取正号, 异侧时取负号。

(4) 当一个弯矩图是曲线图, 另一个弯矩图为折线图时, 应分段图乘再相加。

有时候遇到的弯矩图并非图 4-16 中的标准情形, 如一简支梁既受到均布荷载作用又受到集中力作用, 此时的弯矩图为一抛物线和两段折线(三角形)的代数相加, 用图乘法计算时, 可将此图分解为抛物线和三角形两次图乘再相加; 再如弯矩图为梯形就可分成矩形和三角形等,图 4-17 给出了这种做法的示意图。总之,利用分解法都可以解决问题,这些方法将在下面的例题中有部分展示。

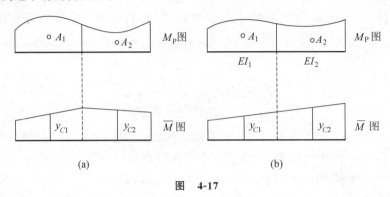

图 4-17

例 4-5 图 4-18 所示悬臂梁,在 A 点作用集中荷载 F_P,分别求 A 点和 C 点的挠度 Δ_{AV} 和 Δ_{CV},EI 为常数。

解: 作在 F_P 作用下的 M_P 图以及 A 点和 C 点分别作用单位虚拟荷载的 $\overline{M}_A$ 图和 $\overline{M}_C$ 图。

用图乘法求 Δ_{AV} 应是图 4-18(a)、(b) 两图的弯矩图乘结果:

$$\Delta_{AV} = \frac{1}{EI} A y_C = \frac{1}{EI}\left(\frac{1}{2} \times l \times F_P l\right) \times \frac{2}{3} l$$

$$= \frac{1}{3EI} F_P l^3$$

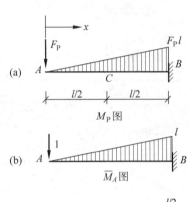

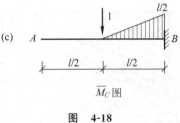

图 4-18

这里 y_C 是图 4-18(a)中 M_P 弯矩图形心水平坐标 $\left(x = \frac{2}{3}l\right)$ 所对应的图 4-18(b)中 $\overline{M}$ 弯矩值 $\frac{2}{3}l$。这个挠度是向下的,因为虚拟单位荷载是向下的,位移的方向是相对应的。

再用图乘法求 Δ_{CV},由于图 4-18(c)在 $0 \leqslant x \leqslant \frac{l}{2}$ 段弯矩值为零,只需将图 4-18(a)中 $\frac{l}{2} \leqslant x \leqslant l$ 段的梯形分成一个矩形 $\left(长 \frac{l}{2},高 \frac{1}{2} F_P l\right)$ 和一个三角形 $\left(长 \frac{l}{2},高 \frac{1}{2} F_P l\right)$,按各图心位置找到图 4-18(c)中对应的 y_C 相乘可得:

$$\Delta_{CV} = \frac{1}{EI}(A_1 \times y_{C1} + A_2 \times y_{C2})$$

$$= \frac{1}{EI}\left[\frac{F_P l^2}{4} \times \left(\frac{1}{2} \times \frac{l}{2}\right) + \frac{F_P l^2}{8} \times \left(\frac{2}{3} \times \frac{l}{2}\right)\right] = \frac{5F_P l^3}{48EI}$$

式中,第一项为矩形面积与其形心位置对应的 y_C 的乘积,第二项为三角形面积与其形心位置对应的 y_C 的乘积。

例 4-6　求如图 4-19 所示简支梁受均布荷载作用下,A 点的转角 φ_A 和中点 C 处梁的挠度 Δ_{CV},EI 为常量。

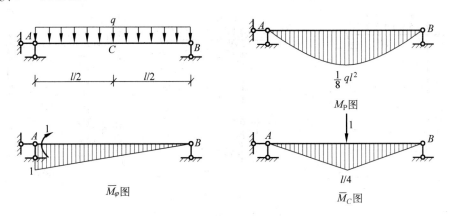

$$\frac{1}{8}ql^2$$

M_P图

$\overline{M}_\varphi$图　　$\overline{M}_C$图

图　4-19

解：在结构上欲求位移处(A 点和 C 点)分别加上相应的单位虚拟荷载(A 点处加一单位力矩,C 点处加一单位集中力),绘出该结构的三个弯矩图 M_P、$\overline{M}_\varphi$ 及 $\overline{M}_C$(图 4-19)。

(1) 求 φ_A,按图乘法可得：

$$\varphi_A = \frac{1}{EI}\left(\frac{2}{3}\times\frac{1}{8}ql^2\times l\right)\times\frac{1}{2}=\frac{ql^3}{24EI}$$

这里面积 A 用了 M_P 图的面积 $\left(\frac{2}{3}\times\frac{1}{8}ql^2\times l\right)$,按前述知识找出其形心位置对应的 $\overline{M}_\varphi$ 图中的相应竖标 $y_C\left(y_C=\frac{1}{2}\right)$。其值为正,说明转角方向与单位力矩方向一致。

(2) 求 Δ_{CV},同前用图乘法。由于 $\overline{M}_C$ 为分段直线,且对称,故只考虑一半情形再乘以 2。面积用 M_P 图的右半求取,按其形心位置所对应的 $\overline{M}_C$ 图中之竖标乘积,于是得：

$$\Delta_{CV}=2\times\frac{1}{EI}\left(\frac{2}{3}\times\frac{1}{8}ql^2\times\frac{l}{2}\right)\times\left(\frac{5}{8}\times\frac{l}{4}\right)=\frac{5ql^4}{384EI}$$

挠度 Δ_{CV} 与单位荷载方向一致。

本例中 M_P 的图形为二次抛物线,这一弯矩图形是由均布荷载引起的,集中力引起的弯矩图都呈线性;一般结构弯矩图就是这两种形式或是它们的叠加,这在以后的位移求解中经常遇到,请熟记。

例 4-7　求图 4-20 所示刚架 B 点的水平位移 Δ_{BH}。E 为常数,$F_P=ql$。

解：先求出结构的支座反力,作出 M_P 图;在欲求位移点加上与之相应的单位虚拟荷载,求支座反力并作 $\overline{M}$ 图,再利用图乘法计算即可。

这里作图乘时 BC 杆的 M_P 图可考虑为两个图形的叠加。若从 C 点向 B 点为 x 方向,则 BC 杆上的弯矩表达式为

$$M_P^{BC}=\frac{3}{2}qlx-\frac{1}{2}qx^2$$

将其分为两部分之和,一部分为直线另一部分为二次抛物线,即

$$M_P^{BC} = qlx + \frac{1}{2}qx(l-x)$$

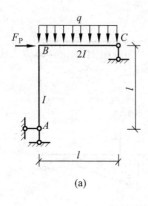
(a)

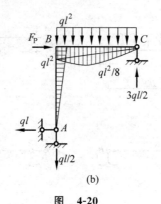
(b)

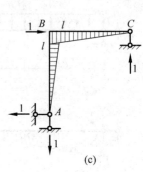
(c)

图　4-20

(a) 原结构；(b) M_P 图；(c) $\overline{M}$ 图

第二部分的二次抛物线仍为顶点在 BC 杆中点的对称抛物线，其面积为 $\frac{2}{3} \times l \times$ $\frac{ql^2}{8}$。故

$$\Delta_{BH} = \frac{1}{EI}\left(\frac{1}{2}ql^2 \times l\right) \times \frac{2}{3}l + \frac{1}{2EI}\left[\left(\frac{1}{2}ql^2 \times l\right) \times \frac{2}{3}l + \left(\frac{2}{3} \times \frac{ql^2}{8} \times l\right) \times \frac{l}{2}\right] = \frac{25ql^4}{48EI}$$

式中，第一项为 AB 杆图乘结果，第二项为 BC 杆图乘结果。结果为正说明 B 点的水平位移是向右的（与单位虚拟荷载同向）。

这里求 Δ_{BH} 时未计入杆轴力的影响，现考查一下轴力的影响程度。这里考查 AB 杆和 BC 杆的伸长。

显然，BC 杆轴力为零（因为 C 点对水平向位移无约束），其伸长自然为零。AB 杆有轴力，由支座反力知，$F_{NP} = \frac{1}{2}ql$（拉），$\overline{F}_N = 1$（拉），故由轴力引起的 AB 杆的伸长为

$$\Delta_{BH}^N = \frac{1}{EA}\left(\frac{1}{2}ql \times 1 \times l\right) = \frac{ql^2}{2EA}$$

与弯矩引起的位移相比（设截面为矩形，宽为 b，高为 h，且 $h/l = 1/10$）

$$\left(\frac{ql^2}{2EA}\right) / \left(\frac{25ql^4}{48EI}\right) = \frac{24}{25}\frac{I}{Al^2} = \frac{2}{25}\left(\frac{h}{l}\right)^2 = 0.08\%$$

由此可见，轴力对位移的影响很小可忽略。

例 4-8 试计算如图 4-21 所示刚架在截面 C 处的转角。$EI = 5 \times 10^4 \text{kN} \cdot \text{m}^2$。

解：（1）求出支座反力，由整体平衡求得：

$$F_{Ax} = -12\text{kN} \qquad F_{Ay} = -12\text{kN} \qquad F_{Dy} = 20\text{kN}$$

由 A 点或 D 点出发取隔离体求出 M_P。

在原结构的 C 点加虚拟荷载单位弯矩，由此求出支座反力：

$$\overline{F}_{Ax} = 0 \qquad \overline{F}_{Ay} = -\frac{1}{4} \qquad \overline{F}_{Dy} = \frac{1}{4}$$

BC 杆的弯矩表达式为

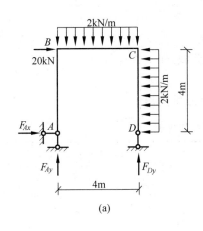

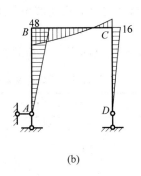

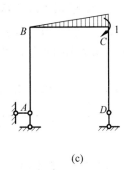

图　4-21

（a）原结构；（b）M_P 图；（c）$\overline{M}$ 图

$$M_P = 48 - 12x - x^2（x \text{ 为由 } B \text{ 点向 } C \text{ 点为正方向}, B \text{ 点为零点}）$$

可将 M_P 看作三个图形相加，$M_P = M_{P1} + M_{P2} + M_{P3}$。$M_{P1} = 48$（在基线下方的矩形），$M_{P2} = -12x$（在基线上方的三角形），$M_{P3} = -x^2$（在基线上方的二次抛物线）。

用前述方法作出 $\overline{M}$ 图。用图乘法求出 C 点的转角（M_P 和 $\overline{M}$ 只在 BC 杆上同时不为零）：

$$\varphi_C = \frac{1}{EI}\left[(-48 \times 4) \times \frac{1}{2} + \left(\frac{1}{2} \times 4 \times 48\right) \times \frac{2}{3} + \left(\frac{1}{3} \times 4 \times 16\right) \times \frac{3}{4}\right]$$

$$= -0.00032 \text{rad}$$

式中第一项 M_P 和 $\overline{M}$ 分别在基线的下方和上方，故 φ_C 取负值。计算结果为负，表示 φ_C 的转动方向是逆时针（因单位虚拟荷载方向为顺时针方向）。

在位移计算中有时需要计算相对位移，用一个具体的例子来说明。

如图 4-22 所示简支梁在荷载 F_P 作用下，A、B 两点截面都产生了转角 θ_A 和 θ_B，那么这两截面相对的转动角度是多少呢？这可采用图乘法分别求得 θ_A 和 θ_B。这个相对转角为 $\varphi_{AB} = \theta_A + \theta_B$。

θ_A 和 θ_B 的值是分别利用 M_P 与 $\overline{M}_A$ 图乘及 M_P 与 $\overline{M}_B$ 图乘得到的。

$$\varphi_{AB} = \theta_A + \theta_B = \int \frac{M_P \overline{M}_A}{EI} \mathrm{d}x + \int \frac{M_P \overline{M}_B}{EI} \mathrm{d}x$$

$$= \int \frac{M_P(\overline{M}_A + \overline{M}_B)}{EI} \mathrm{d}x = \int \frac{M_P \overline{M}}{EI} \mathrm{d}x$$

由此式可得出一个更简便的算法：即将两个单位虚拟荷载同时加在结构上，相应的弯矩图（$\overline{M}_A$ 和 $\overline{M}_B$）之和即该种情形下的 $\overline{M}(\overline{M} = \overline{M}_A + \overline{M}_B)$ 图。

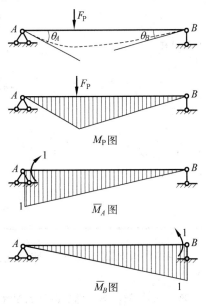

图　4-22

由此,可将相对位移的计算归纳为以下三步:

(1) 作出 M_P 图;

(2) 根据相对位移性质,在结构上加相应的单位虚拟荷载,作出 $\overline{M}$ 图;

(3) 利用图乘法求相对位移量。

现将相对位移的常见情形及相应虚拟单位荷载在表 4-2 中给出。

表 4-2　广义位移及相应广义虚拟单位荷载表

	广义位移	广义虚拟单位荷载
A、B 两点水平向相对位移 $\Delta_{AB}=\Delta_A+\Delta_B$		
A、B 两点竖向相对位移 $\Delta_{AB}=\Delta_A+\Delta_B$		
A 点端部角位移 φ_A		
C 点两侧截面相对位移 $\varphi_C=\varphi_C^{R}+\varphi_C^{L}$		
AB 杆的转角 $\varphi_{AB}=(\Delta_A+\Delta_B)/l$		

例 4-9　求如图 4-23 所示刚架在液体压力作用下 C、D 两点的水平向相对位移。EI 为常数。

解：求作 M_P 图。CA 段：若从 C 点向 A 点任取一段隔离体,且由 C 点向 A 点为 x 方向,液体压力随 x 增大呈线性变化,若液体的重度为 q,则沿深度压力的表达式应为 qx（即

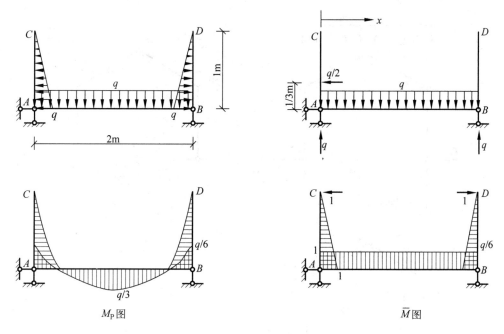

图　4-23

压力图形呈三角形）。CA 杆中弯矩：$M_P=\dfrac{1}{2}qx\times x\times\dfrac{1}{3}x=\dfrac{1}{6}qx^3$（内侧受拉）。

　　由受力图可求得 AB 杆上的弯矩表达式为（由 A 点向 B 点为 x 方向，A 点为零点）

$$M_P(x)=-\frac{1}{6}q+qx-\frac{1}{2}qx^2$$

利用图乘法求 Δ_{CD}。AC 杆和 BD 杆 M_P 图（三次抛物线）面积为

$$A_{AC}=\frac{1}{4}\times1\times\frac{q}{6}=\frac{q}{24}$$

对应的 y_C 为

$$y_C=\frac{4}{5}\times1=\frac{4}{5}$$

AB 杆 M_P 图面积为两部分：

$$A_{AB}=\frac{q}{6}\times2-\frac{2}{3}\times\frac{q}{2}\times2=-\frac{q}{3}$$

两块面积（一正一负）对应的 y_C 值相同，$y_C=1$。所以：

$$\Delta_{CD}=2A_{AC}y_{cAC}+A_{AB}y_{cAB}=-\frac{4}{15}q$$

结果表明 C、D 两点向内靠近了 $\dfrac{4}{15}q$。

　　例 4-10　求如图 4-24 所示刚架 C 点处左右两侧截面的相对转角 φ_C，$EI=5\times10^4\,\mathrm{kN\cdot m^2}$。

　　解：先求支座反力，这是一个三铰拱（轴线为折线形式）。先考虑整体平衡，再从 C 点拆开，考虑左边或右边部分平衡，即可求出支座反力。支座反力的值为

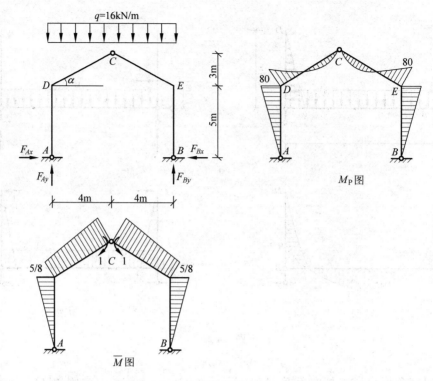

图 4-24

$$F_{Ax} = 16\text{kN}$$

$$F_{Bx} = 16\text{kN}$$

$$F_{Ay} = F_{By} = 64\text{kN}$$

从 A 点向上求出左半部的弯矩,右半部对称。在 C 点加了单位弯矩值求支座反力(方法同上),结果为:$\overline{F}_{Ax} = \dfrac{1}{8}$;$\overline{F}_{Bx} = \dfrac{1}{8}$,方向向内;$\overline{F}_{Ay} = \overline{F}_{By} = 0$;求弯矩图的作法亦同前。

求 DC 杆的 M_P 图。设沿 DC 方向为 x 方向,零点取在 D 点,则 DC 杆的弯矩为

$$M_P = F_{Ay} \times x\cos\alpha - F_{Ax} \times (5 + x\cos\alpha) - (q \times x\cos\alpha) \times \frac{x\cos\alpha}{2}$$

其中,$\cos\alpha = \dfrac{4}{5}$,$\sin\alpha = \dfrac{3}{5}$,则

$$M_P = -80 + \frac{192}{5}x - \frac{128}{25}x^2$$

这里正弯矩为在内侧受拉。

用图乘法得:

$$\varphi_C = \frac{2}{EI}\left[\left(\frac{1}{2} \times 5 \times 80\right) \times \left(\frac{2}{3} \times \frac{5}{8}\right) + \left(\frac{1}{2} \times 5 \times 80\right) \times \left(\frac{2}{3} \times \frac{5}{8} + \frac{1}{3} \times 1\right) - \right.$$

$$\left.\left(\frac{2}{3} \times 5 \times 32\right) \times \left(\frac{1}{2} \times \frac{5}{8} + \frac{1}{2}\right)\right]$$

$$= 0.0059\text{rad}$$

4.6　静定结构支座位移时的位移计算

在前述计算式(4-14)中右边第四项即支座移动时引起的位移,其计算式为

$$\Delta=-\sum \overline{F}_{Rj}c_j \tag{4-18}$$

式中,$\overline{F}_{Rj}$ 表示虚拟状态的支座反力;c_j 表示实际状态的支座位移量。

注意,公式右边的负号不可漏掉,这是推导公式时得到的,$\overline{F}_{Rj}c_j$ 做乘积时的正、负号应由二者的方向决定,当二者方向一致时取正号,否则取负号。

例 4-11　如图 4-25 所示刚架 A 点有水平向位移 a,竖向位移 b,角位移 φ,求 B 点的水平位移 Δ_{BH} 和竖向位移 Δ_{BV}。

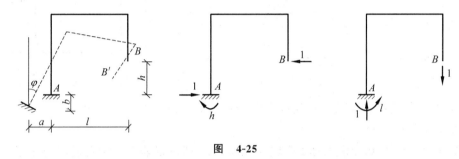

图　4-25

解:为求 Δ_{BH} 和 Δ_{BV},分别在结构上加相应的虚拟单位荷载,并求出相应的虚拟支座反力,示于图上,利用式(4-18)求得:

$$\Delta_{BH}=-(h\times\varphi-1\times a)=a-h\varphi$$

$$\Delta_{BV}=-(-1\times b-l\times\varphi)=b+l\varphi$$

例 4-12　如图 4-26 所示结构 B 点发生位移(示于图中),求其 C 点的竖向位移 Δ_{CV}。

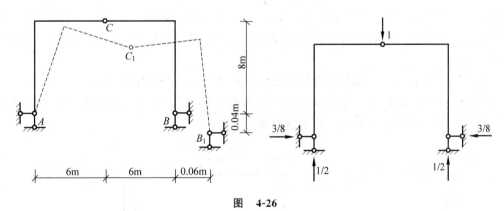

图　4-26

解:在 C 点处加一虚拟单位荷载,求出其支座反力(求法与例 4-11 相同),且示于图上。利用式(4-18),得:

$$\Delta_{CV}=-\left(-\frac{1}{2}\times 0.04-\frac{3}{8}\times 0.06\right)\text{m}=0.0425\text{m}=4.25\text{cm}$$

因虚拟单位荷载向下,且 Δ_{CV} 值为正,故 C 点位移向下

4.7　温度变化时静定结构的位移计算

温度变化时构件的上下两侧面具有不同的温度(图 4-27),此时整个侧面沿高度方向每点在轴向的伸缩量不同,造成杆件截面变形而导致整个结构产生位移。取一微段 ds 考查(图 4-27),上方温度为 t_1,下方温度为 t_2,中间(形心轴)温度为 t_0,$t_0 = \dfrac{t_1 + t_2}{2}$(温度按线性分布设定)。变形后截面仍保持为平面,但是发生了转动,这时杆件微段 ds 由于温度变化所产生的变形量(伸长、转动和剪切错动)为

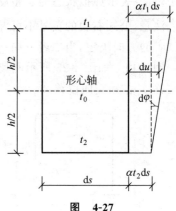

图　4-27

$$du = \varepsilon\, ds = \alpha t_0\, ds$$

$$d\varphi = \kappa\, ds = \frac{\alpha(t_1 - t_2)}{h}ds = \frac{\alpha \Delta t}{h}ds$$

$$\gamma\, ds = 0$$

式中,α 为材料的线膨胀系数。在这种温度变化情况下,杆件横截面上无剪切变形。

将以上由于温度差所导致的变形代入式(4-15),即可得静定结构在温度变化影响下的位移计算公式:

$$\Delta_t = \sum \pm \int \overline{F}_N \alpha t_0\, ds + \sum \pm \int \overline{M}\frac{\alpha \Delta t}{h}ds \tag{4-19}$$

若每一杆件沿其全长温度变化相同,且截面高度不变,则式(4-19)成为

$$\Delta_t = \sum \pm \overline{F}_N \alpha t_0 l + \sum \pm \alpha \frac{\Delta t}{h}A_{\overline{M}} \tag{4-20}$$

式中,l 为杆件长度;$A_{\overline{M}}$ 为 $\overline{M}$ 图的面积;Δt 为杆件上下侧温差;t_0 为形心轴处温度。正负号的意义与前述相同,比照虚拟荷载作用下的变形,若二者变形方向一致即为正,否则即为负。

应该强调,在计算由于温度变化所引起的位移时,不可略去轴向变形。

例 4-13　如图 4-28 所示刚架在杆件一侧温度升高 10℃时,求在 C 点处所产生的竖向位移 Δ_{CV},各杆的截面相同且关于形心轴对称。

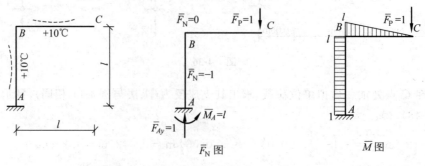

图　4-28

解：内侧温度升高 10℃时，杆件应发生虚线所示弯曲变形。在 C 点加虚拟单位荷载，作出 $\overline{F}_N$ 图和 $\overline{M}$ 图。

由式(4-20)有

$$\Delta_{CV} = -1 \times \alpha \times \frac{10+0}{2} \times l - \alpha \times \frac{10-0}{h} \times \left(\frac{1}{2} \times l \times l + l \times l \right) = -5\alpha l - 15\alpha \frac{l^2}{h}$$

式中，第一项为轴力的贡献，AB 杆受压(为负)，BC 杆无轴力；第二项为弯矩的贡献，温度引起的变形为内侧受拉，外侧受压；而虚拟的弯矩 $\overline{M}$ 则是外侧受拉，故为负。

计算结果为负，说明 C 点的竖向位移是向上的。式中第一项取负号是因为在 $\overline{F}_N = 1$ 作用下 AB 杆受压，而温度变化引起杆伸长；第二项取负号是因为 $\overline{M}$ 图外侧受拉，而温度变化引起杆内侧伸长(内侧温度高于外侧)。

若 $\alpha = 0.00001$，$l = 6\text{m}$，$h = 0.15\text{m}$，则

$$\Delta_{CV} = (-0.0003 - 0.036)\text{m} = -0.0363\text{m} = -3.63\text{cm}$$

显然，弯矩造成的位移仍是主要部分。

静定结构位移计算小结

(1) 结构位移计算是结构力学的重要内容，在工程设计中广泛应用，这个理论既是求解静定结构位移的工具，也是求解超静定结构和结构动力与稳定分析必不可少的内容，学习掌握该章理论和方法十分重要。

(2) 结构位移计算是建立在线弹性、小变形体系上的，因此可应用叠加原理。

(3) 结构位移计算方法是以虚功原理为基础的。计算位移时应建立两种状态：实际位移状态和虚拟的力状态，虚拟的力状态可以是任意的平衡力系，为了计算方便起见，取与所求位移对应的广义单位力建立的平衡力系。

(4) 图乘法是一种数学方法，是由位移计算公式化简而来的，它有计算简便的优点。应用时应注意其前提条件，对于复杂结构、复杂荷载作用下的弯矩图，要注意分段图乘和复杂弯矩图的分解，这在例题中多次运用到。

(5) 进行位移计算时，应根据结构中杆件的特性(链式杆或梁式杆)进行简化，如刚架和梁结构只考虑弯矩项的贡献，忽略剪力项和轴力项(本章例题中有比较说明)，对桁架只需考虑轴力(因此结构中杆件无弯矩和剪力)，对复杂结构则要对其中链式杆和梁式杆分别考虑。

习题

一、判断题(对的打"√"，错的打"×")

1.1　虚功原理仅适用于线性变形体系。(　　)

1.2　在非荷载因素(支座移动、温度变化、材料收缩等)作用下，静定结构不产生内力，但会有位移且位移只与杆件相对刚度有关。(　　)

1.3　用图乘法可求得各种结构在荷载作用下的位移。(　　)

1.4　已知 M_P 图、$\overline{M}_K$ 图，如习题 1.4 图所示，用图乘法求位移的结果为：$(\omega_1 y_1 + \omega_2 y_2)/(EI)$。(　　)

1.5　习题 1.5 图所示为刚架的虚设力系，按此力系及位移计算公式即可求出杆 AC 的

转角。（　　）

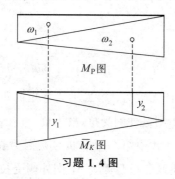

M_P 图

$\overline{M}_K$ 图

习题 1.4 图

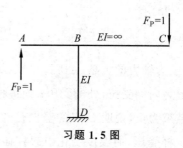

习题 1.5 图

二、填空题

2.1 如习题 2.1 图所示，梁在集中力 F_P 作用下，C 点产生竖向位移为 $\dfrac{F_P l^3}{32EI}$，若使 C 点恢复至变形前的位置，则应在 C 处施加力_____。

2.2 如习题 2.2 图所示结构，已知各杆 $EI = 2.1 \times 10^4 \mathrm{kN \cdot m^2}$，刚架铰 C 左右截面的相对角位移 φ_C 为_____。

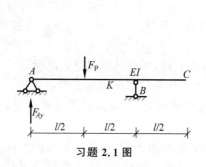

习题 2.1 图

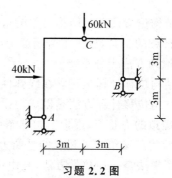

习题 2.2 图

2.3 如习题 2.3 图所示，结构中 EI、EA 均为常数，则铰 C 两侧截面相对转角为_____。

2.4 如习题 2.4 图所示，刚架 A 支座下沉 $0.01l$，又顺时针转动 $0.015\mathrm{rad}$，则 D 截面的角位移为_____。

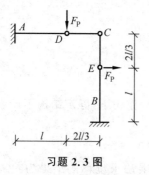

习题 2.3 图

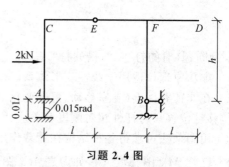

习题 2.4 图

2.5 如习题 2.5 图所示，结构下弦各杆升温 t（单位：℃），其他杆温度不变。杆的线膨胀系数为 α，由此引起的 A 点竖向位移 Δ_{AV} 为_____。

2.6　如习题 2.6 图所示结构,杆 AB、BE 截面抗弯刚度为 EI,杆 DC 的抗拉压刚度为 EA,则杆 AB 中 D 点水平位移为_____。

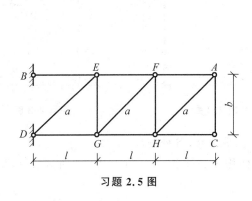

习题 2.5 图

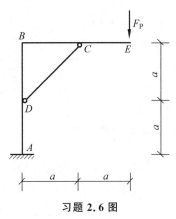

习题 2.6 图

2.7　如习题 2.7 图所示桁架,由于制造误差,AE 杆过长 1cm,BE 杆过短 1cm,结点 E 的竖向位移为_____。

2.8　如习题 2.8 图所示刚架,材料线膨胀系数为 α,各杆为矩形截面,$h = l/20$,在图示温度变化情况下,B、C 两点的竖向相对位移为_____。

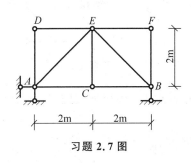

习题 2.7 图

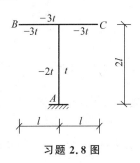

习题 2.8 图

三、对下列结构进行位移计算时,给出其相应的虚拟力状态。

3.1　求习题 3.1 图所示刚架中铰 C 两侧截面的相对转角。

3.2　求习题 3.2 图所示结构中 A、B 两点相对线位移。

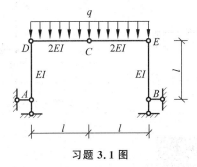

习题 3.1 图

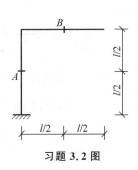

习题 3.2 图

四、计算下列各结构中指定的位移。

4.1　计算习题 4.1 图所示刚架 D 点的竖向位移,各杆 $EI =$ 常数。

4.2　计算习题 4.2 图所示结构 D 点的水平位移,各杆 $EI =$ 常数。

4.3　计算习题 4.3 图所示结构 B 点的水平位移,各杆 EI ＝常数。

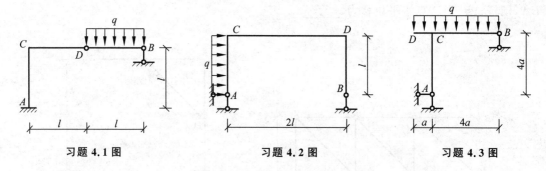

习题 4.1 图　　　　　习题 4.2 图　　　　　习题 4.3 图

4.4　计算习题 4.4 图所示结构 B 点的水平位移,各杆 EI ＝常数。

4.5　如习题 4.5 图所示,桁架各杆截面均为 $A=2\times10^{-3}\,\mathrm{m}^2$,$E=2.1\times10^8\,\mathrm{kN/m}^2$,$F_P=30\mathrm{kN}$,$d=2\mathrm{m}$,试求 C 点的竖向位移。

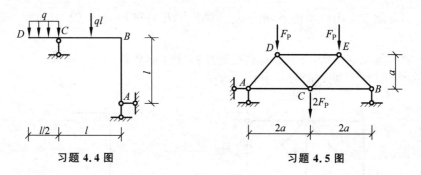

习题 4.4 图　　　　　　　习题 4.5 图

4.6　如习题 4.6 图所示,梁 EI 为常数,在荷载 F_P 作用下,已测得截面 B 的角位移为 0.001rad(顺时针),试求 C 点的竖向位移。

4.7　用图乘法计算习题 4.7 图所示结构的 φ_{AB},各杆 EI ＝常数。

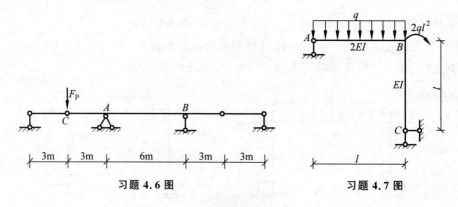

习题 4.6 图　　　　　　　习题 4.7 图

第 4 章习题参考答案

第 5 章

力　法

5.1　超静定结构

工程实际中的结构不全是前述的静定结构,还有一类超静定结构,这类结构的支承反力和内力不能完全由静力平衡条件求出,必须同时考虑变形的协调条件(亦称为位移条件),这类结构称为超静定结构,如图 5-1 所示的两跨连续梁。

超静定结构从几何分析的角度看,即为有多余约束的几何不变体系。分析图 5-1 的结构可知,多余约束对保持结构的几何不变性来说,不是必要的,但此种结构对于减小内部某些部位的内力和位移,合理利用材料是工程中所追求的。

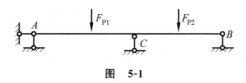

图　5-1

由静力分析的观点看,把利用平衡条件求解结构未知支座反力和内力所缺少的方程数称为结构的超静定次数。从几何分析来看,超静定结构的超静定次数就等于其多余约束的个数。由此可知,可用去掉多余约束使超静定结构成为静定结构的方法来确定该结构的超静定次数。

去掉多余约束的情况通常分为内部构件约束和外部支承约束两种,可归纳为

(1) 解除内部约束时的效果:①切断一根链杆相当于去掉一个约束;②拆开一个单铰相当于去掉两个约束;③切断一根梁式杆相当于去掉三个约束;④在梁式杆中加一个单铰相当于去掉一个约束。

(2) 解除外部约束的效果:①去掉一根支座链杆相当于去掉一个约束;②去掉一个固定铰支座相当于去掉两个约束;③去掉一个固定支座相当于去掉三个约束;④将固定支座改为固定铰支座相当于去掉一个约束。

在去掉多余约束的同时,应在原约束处加上与其相应的约束力,以该约束力代替原多余约束的作用,这一力称为多余约束力(亦称多余未知力)。对结构而言,根据约束位置的不同,若去掉的多余约束是外部的,则多余未知力为支座反力;若去掉的多余约束是内部的,则多余未知力是成对的截面内力。在计算中,将原结构(超静定的)去掉多余约束后得到的静定结构称为原结构的力法计算的基本结构。图 5-2 中给出一些这样的例子。

用去掉多余约束的方法可以确定任何结构的超静定次数。超静定次数即是多余未知力的个数,超静定次数也可以由几何分析的方法来确定,超静定次数就是计算自由度的负值。

应该注意,同一结构可用不同方式去掉多余约束而得到不同的基本结构(图 5-2 中,各个结构给出了两种基本结构)。但是,无论基本结构怎样选取,多余约束数目或多余未知力的数目应相等。

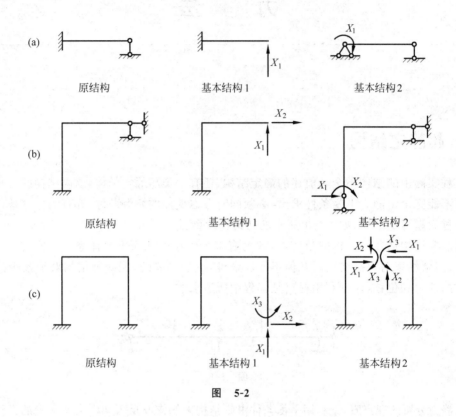

图　5-2

还需要强调一点,基本结构必须是几何不变的体系。否则,不能用来作为计算超静定结构的基础(事实上也无法计算)。为保证此点,某些约束是不能去掉的。这种不能去掉的约束称为绝对需要的约束,它是不能作为多余约束处理的,如图 5-1 中 A 点处的水平链杆。

5.2　力法基本概念

对超静定结构进行分析计算时,去掉多余约束以多余未知力来代替其作用,此时,问题就成为在基本结构上作用外荷载和多余未知力的问题,而这个体系就是力法的基本体系。若能求出多余未知力,接下来的分析就成为静定问题了。这种把多余未知力作为基本未知量的计算方法称为力法。

现在用一个简单超静定问题的求解过程来讲解力法的基本概念和求解过程。

求图 5-3 中梁的支座反力,超静定次数可用解除多余约束或求计算自由度确定,此为一次超静定梁。此处选取解除 B 点链杆支座以多余未知力 X_1 代替。

从图中可以看出,基本体系与原问题等效,只要能设法求出多余未知力 X_1,则所有其他计算均可在基本体系上进行。现在多了 X_1 这个未知力,显然用平衡的办法是无法求出的(该问题可列 3 个平衡方程,而 A 点有 3 个未知支座反力,加上 X_1 是 4 个未知量,故不能

求出 X_1 ），所以，必须考虑基本体系在 B 点的位移条件（协调条件）。

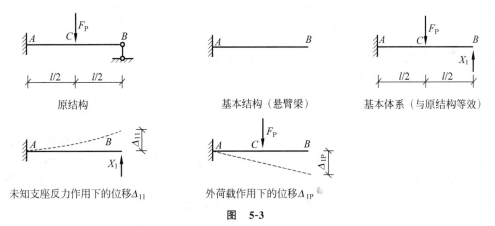

图　5-3

原结构支座 B 处的竖向位移为零，为此，可应用这一条件给出求解 X_1 的数学表达式。在基本体系上作用荷载有 F_P 和 X_1 ，产生的竖向位移分别记作 Δ_{1P}（F_P 引起）和 Δ_{11}（X_1 引起），规定向上为正，向下为负，所以，B 点最终的位移 Δ_1（原结构中 B 点无竖向位移）就是：

$$\Delta_1 = \Delta_{11} + \Delta_{1P} = 0 \tag{5-1}$$

式（5-1）就是求解 X_1 的协调条件，增加这一方程后 X_1 的求取就只是数学问题了。

若令 δ_{11} 表示 $X_1 = 1$ 时的位移，则 $\Delta_{11} = \delta_{11} X_1$ ，那么式（5-1）成为

$$\delta_{11} X_1 + \Delta_{1P} = 0 \tag{5-2}$$

式（5-2）中的系数 δ_{11} 和自由项 Δ_{1P} 是静定结构（基本结构）在外力作用下的位移，可以按前述静定问题位移解法而求得。自然，多余未知力 X_1 可求得。

现用图乘法求解位移 δ_{11} 和 Δ_{1P} 。求 δ_{11} 时应该用在基本结构 B 点作用一个单位力（设为向上）的弯矩图和在基本结构上作用 $X_1 = 1$ 时的弯矩图相乘而得；求 Δ_{1P} 时应该用在基本结构 B 点作用一个单位力（设为向上）的弯矩图和在基本结构上作用 F_P 时的弯矩图相乘而得，见图 5-4。由于在基本结构 B 点处作用一个单位力（设为向上）的弯矩图与 $X_1 = 1$ 时的弯矩图相同，故只作出两个弯矩图即可求解 δ_{11} 和 Δ_{1P} ，注意此时求得的 δ_{11} 和 Δ_{1P} 均以向上为正。由图乘法得：

$$\delta_{11} = \frac{1}{EI} \times \left[\left(\frac{1}{2} \times l \times l \right) \times \frac{2}{3} l \right] = \frac{l^3}{3EI}$$

$$\Delta_{1P} = \frac{-1}{EI} \times \left[\left(\frac{1}{2} \times \frac{F_P l}{2} \times \frac{l}{2} \right) \times \frac{5}{6} l \right] = -\frac{5 F_P l^3}{48EI}$$

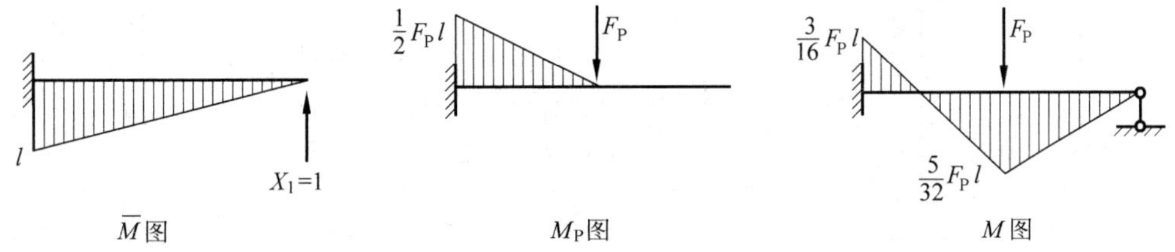

$\overline{M}$ 图　　　　M_P 图　　　　M 图

图　5-4

将 δ_{11} 和 Δ_{1P} 代入式(5-2)得：

$$X_1 = -\frac{\Delta_{1P}}{\delta_{11}} = \frac{5}{16}F_P$$

这表明，梁在 B 点受到的支承力是向上的，与原设定方向相同。

求出 X_1 后，可按静力平衡条件求出 A 点的支座反力，并可求出梁 AB 上任一截面内力。最终弯矩图可按叠加原理求得：

$$M = \overline{M}_1 X_1 + M_P$$

至此，该问题已被解决，这一解法也即力法求解的一般方法。其求解过程是，选取多余约束，将其解除以多余未知力来代替，此时的结构成为静定结构，也即基本结构；在基本结构上不仅作用有原外荷载且有多余未知力；解决这一问题需考虑结构的协调条件（或称位移条件），得到补充方程。这一补充方程的求解用静定结构求解位移的方法即可，于是求得多余未知力，之后的计算工作与静定结构求解相同。这一方法可用来分析求解任何类型的超静定结构。

5.3　力法典型方程

用力法求解超静定结构是以多余未知力作为基本未知量的，或者说，就是要求出多余未知力，而求解多余未知力的条件就是结构上某点（多余未知力所在点）处的位移条件，这一条件的数学表达式应具有共性。为此，下面通过一个三次超静定刚架的求解来说明建立力法求解的典型方程。

分析图 5-5 所示的刚架结构。该结构为三次超静定问题，解除结构中 B 点的约束得基本体系，此时有 3 个多余未知力 X_1、X_2 和 X_3，它们代替原结构中的约束。由于原结构在 B 点无任何位移（既无水平向和竖直向的线位移，也无转动的角位移），所以，在基本体系上

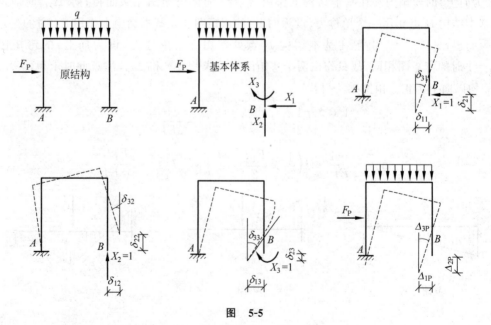

图　5-5

B 点沿多余未知力 X_1、X_2 和 X_3 方向的相应位移 Δ_1、Δ_2 和 Δ_3 都应等于零。

设当各单位多余未知力 $X_1=1$，$X_2=1$ 和 $X_3=1$ 和外荷载分别单独作用于基本结构上时，点 B 沿 X_1 相应方向的位移分别为 δ_{11}、δ_{12}、δ_{13} 和 Δ_{1P}；沿 X_2 相应方向的位移分别为 δ_{21}、δ_{22}、δ_{23} 和 Δ_{2P}；沿 X_3 相应方向（转动）的位移分别为 δ_{31}、δ_{32}、δ_{33} 和 Δ_{3P}。

按叠加原理，基本体系应满足的位移条件为

$$\begin{cases} \Delta_1 = \delta_{11}X_1 + \delta_{12}X_2 + \delta_{13}X_3 + \Delta_{1P} = 0 \\ \Delta_2 = \delta_{21}X_1 + \delta_{22}X_2 + \delta_{23}X_3 + \Delta_{2P} = 0 \\ \Delta_3 = \delta_{31}X_1 + \delta_{32}X_2 + \delta_{33}X_3 + \Delta_{3P} = 0 \end{cases}$$

该方程组的物理意义是：基本体系的位移与原结构的位移相等，即协调条件。每个方程对应着一个协调条件（位移条件）。

对于几次超静定问题，应有几个多余约束，解除这几个多余约束就有几个对应的多余未知力，而相应地就有几个位移条件。按此几个位移条件得到几个方程，从而解出几个多余未知力。当原结构在多余未知力作用处的位移为零时，这几个方程为

$$\begin{cases} \delta_{11}X_1 + \delta_{12}X_2 + \cdots + \delta_{1i}X_i + \cdots + \delta_{1n}X_n + \Delta_{1P} = 0 \\ \delta_{21}X_1 + \delta_{22}X_2 + \cdots + \delta_{2i}X_i + \cdots + \delta_{2n}X_n + \Delta_{2P} = 0 \\ \vdots \\ \delta_{i1}X_1 + \delta_{i2}X_2 + \cdots + \delta_{ii}X_i + \cdots + \delta_{in}X_n + \Delta_{iP} = 0 \\ \vdots \\ \delta_{n1}X_1 + \delta_{n2}X_2 + \cdots + \delta_{ni}X_i + \cdots + \delta_{nn}X_n + \Delta_{nP} = 0 \end{cases} \tag{5-3}$$

方程组（5-3）中，系数 δ_{ij} 和自由项 Δ_{iP} 都是基本体系上的位移。位移符号采用两个下标，第一个下标表示位移的方向，第二个下标表示产生该位移的力。例如，Δ_{iP} 表示由荷载 F_P 产生的沿 X_i 方向的位移，δ_{ij} 表示由单位力 $X_j=1$ 产生的沿 X_i 方向的位移。位移正负号规定为：当位移 Δ_{iP} 或 δ_{ij} 的方向与相应力（外荷载和 $X_j=1$ 的单位力）的正方向相同时，则位移为正，反之为负。

该方程组中，系数 δ_{ii} 称为主系数或主位移，系数 δ_{ik} 称为副系数或副位移，各方程最后一项 Δ_{iP} 称为自由项。所有系数和自由项都是基本结构中某一多余未知力的作用点在已知力（各个 $X_i=1$ 和外荷载）作用下沿其方向上的位移，并规定以与所设多余未知力方向一致的为正。按其物理意义，主系数表示由某一个单位力作用在其本身方向上所产生的位移，故应为正且大于零，而副系数和自由项可为正值或负值。根据位移互等定理应有 $\delta_{ik}=\delta_{ki}$。

方程组（5-3）在组成上具有规律性，无论哪种类型的结构，也无论静定的基本结构如何选取，只要是几次超静定结构，它们在荷载作用下的力法方程都与式（5-3）具有相同的形式，故称式（5-3）为力法的典型方程。

利用力法求解超静定问题时，绝大多数情况下，对于未知数（多余未知力）X_i 总能给出式（5-3）的形式，但这是要求位移 Δ_i 均为零时的形式，若这一条件不成立时（即 Δ_i 中有可能出现不为零的情况），式（5-3）会有不同的系数形式，下面用一个简单问题来展示。

求解如图 5-6 所示一次超静定问题。选取 B 点支座为多余约束，得基本体系。该问题将 B 点弹性支座当作多余约束去除后以多余未知力 X_1 代替。此时 B 点的位移条件不再

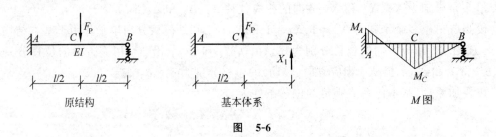

图 5-6

是 $\Delta = 0$，而应考虑基本体系上 B 点的位移是由 X_1 的大小和弹簧的刚度 k 确定，显然，$\Delta = -\dfrac{X_1}{k}$（负号表示位移方向与多余未知力 X_1 方向相反），所以，此时的位移条件为

$$\delta_{11}X_1 + \Delta_{1P} = -\frac{X_1}{k} \tag{5-4}$$

方程左边两项为多余未知力 X_1 和外荷载 F_P 引起的 B 点位移之和，它就等于 B 点的位移 $-\dfrac{X_1}{k}$。将式(5-4)整理后得：

$$\left(\delta_{11} + \frac{1}{k}\right) \times X_1 + \Delta_{1P} = 0 \tag{5-5}$$

基本结构的单位弯矩图 $\overline{M}_1$、荷载弯矩图 M_P 以及系数 δ_{11}、自由项 Δ_{1P} 的求法前述已交代，不再一一去求，这里直接给出：

$$\delta_{11} = \frac{l^3}{3EI} \qquad \Delta_{1P} = -\frac{5F_P l^3}{48EI} \tag{5-6}$$

由此求得多余未知力：

$$X_1 = -\frac{\Delta_{1P}}{\delta_{11} + \dfrac{1}{k}} = \frac{5}{16}F_P \times \frac{kl^3}{kl^3 + 3EI}$$

最后作出弯矩 M 图（显然，M 图的图形应为折线，只给出 A、B、C 三个特征点的弯矩，以直线连接即可）。

其中：

$$M_A = X_1 l - F_P \frac{l}{2} = -\frac{3F_P l}{16}\frac{kl^3 + 8EI}{kl^3 + 3EI}$$

$$M_B = 0$$

$$M_C = X_1 \frac{l}{2} = \frac{5F_P l}{32}\frac{kl^3}{kl^3 + 3EI}$$

由此结果看出，B 点为弹性支座时，多余未知力及内力的大小与弹性支座的弹性系数和梁的抗弯刚度均有关。当 $k \to \infty$（B 点为链杆支座）时，$X_1 = \dfrac{5}{16}F_P$，$M_A = -\dfrac{3}{16}F_P l$，$M_C = \dfrac{5}{32}F_P l$，与前述结果相同；当 $k \to 0$（静定悬臂梁）时，$X_1 = 0$，$M_A = -\dfrac{1}{2}F_P l$，$M_C = 0$。

原结构上弹性支座的支反力在 $0 \sim \dfrac{5}{16}F_P$，相应的弯矩图在对应的悬臂梁和一端固定一端铰支梁的弯矩图之间变化。

用力法求解超静定问题的步骤可归纳为

（1）去掉原结构上的某些多余约束，得到一个基本结构（静定的），以多余未知力来代替相应的多余约束作用，注意基本结构不唯一。

（2）基本结构上作用原荷载和多余未知力的结构称为基本体系。去掉多余约束处的位移应与原结构中相应的位移相同（称为协调条件），由此条件建立力法典型方程。

（3）解力法典型方程求出多余未知力。

（4）求出多余未知力之后，按照求解静定结构的方法求出结构的内力，这一内力图可利用已经作好的基本结构的单位内力图由叠加法得到，即 $M = M_P + \overline{M}_1 X_1 + \overline{M}_2 X_2 + \cdots + \overline{M}_n X_n$。

5.4 力法求解示例

例 5-1 用力法求作图 5-7 所示刚架的内力图。

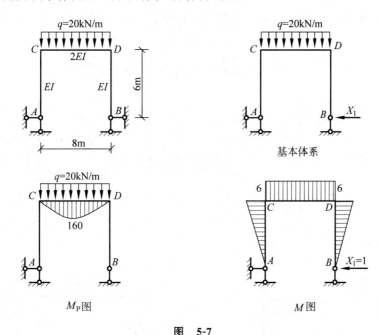

图 5-7

解：1）选取基本体系

此为一次超静定问题，选取 B 点水平支座反力为多余约束力 X_1。

2）给出力法典型方程

$$\delta_{11} X_1 + \Delta_{1P} = 0$$

该方程的物理意义为：原结构在 B 点无水平位移，在 X_1 作用下，基本体系在 B 点亦应无水平位移（位移协调条件）。第一项和第二项分别为在 X_1 作用下和在荷载作用下 B 点在水平方向的位移。

3）求 δ_{11} 和 Δ_{1P}

绘制 M_P 图和 $\overline{M}$ 图，利用求位移的图乘法（计算刚架位移时只考虑弯矩的影响），得：

$$\Delta_{1P} = \sum \int \frac{\overline{M_1} M_P}{EI} \mathrm{d}s = \frac{-1}{2EI}\left(\frac{2}{3} \times 8 \times 160\right) \times 6 = -\frac{2560}{EI}$$

$$\delta_{11} = \sum \int \frac{\overline{M_1}\,\overline{M_1}}{EI} \mathrm{d}s = \frac{1}{2EI}(6 \times 8) \times 6 + \frac{2}{EI}\left(\frac{1}{2} \times 6 \times 6\right) \times \left(\frac{2}{3} \times 6\right) = \frac{288}{EI}$$

4）求出多余约束力

$$X_1 = -\frac{\Delta_{1P}}{\delta_{11}} = \frac{80}{9}\mathrm{kN}$$

5）作内力图

（1）弯矩图

利用叠加公式 $M = \overline{M_1} X_1 + M_P$ 得最终 M 图。

（2）剪力图

求任一杆剪力时，将此杆取为隔离体，求出两端剪力，然后作出此杆的剪力图。以 CD 杆为例，其隔离体如图 5-8 所示，轴力不影响竖向平衡，故不示出，由平衡条件得：

$$\sum M_D = 0 \qquad F_{QCD} = 80\mathrm{kN}$$

$$\sum M_C = 0 \qquad F_{QDC} = -80\mathrm{kN}$$

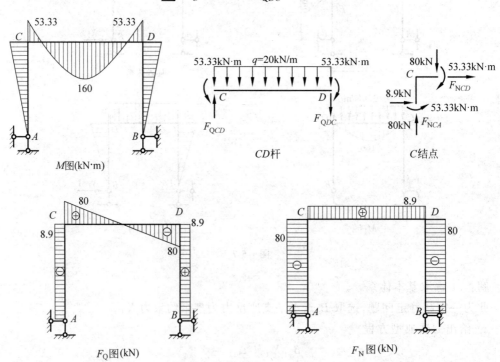

图　5-8

（3）轴力图

求任一杆轴力时，取结点为隔离体，由平衡条件求出，以 C 点为例，由平衡得：

$$\sum X = 0 \qquad F_{NCD} = -8.9\text{kN}$$

$$\sum Y = 0 \qquad F_{NCA} = -80\text{kN}$$

将所求各杆内力在图 5-8 中示出。

例 5-2　用力法求作图 5-9(a)所示刚架的弯矩图。

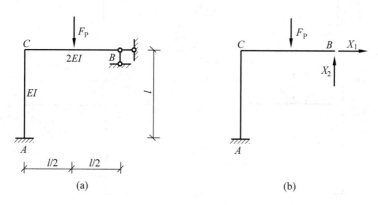

图　5-9

解：(1) 选取基本体系如图 5-9(b)所示。此刚架为二次超静定结构,去掉了 B 点 2 根链杆,以多余未知力 X_1 和 X_2 代替。

(2) 给出力法典型方程

在 B 点去掉了链杆代以多余未知力,该点的位移协调条件即典型方程如下:

$$\delta_{11}X_1 + \delta_{12}X_2 + \Delta_{1P} = 0$$

$$\delta_{21}X_1 + \delta_{22}X_2 + \Delta_{2P} = 0$$

方程物理意义为:第一个方程表示 B 点在 X_1 方向上的位移总和为零,左边三项分别为在 X_1、X_2 和荷载 F_P 作用下沿 X_1 方向的位移。第二个方程表示 B 点在 X_2 方向上的位移总和为零,左边三项分别为在 X_1、X_2 和荷载 F_P 作用下沿 X_2 方向的位移。

(3) 求各系数及自由项。给出各单位弯矩图和荷载弯矩图(图 5-10),利用图乘法求得:

$$\delta_{11} = \frac{1}{EI}\left(\frac{l^2}{2} \cdot \frac{2}{3}l\right) = \frac{l^3}{3EI}$$

$$\delta_{22} = \frac{1}{2EI}\left(\frac{l^2}{2} \cdot \frac{2}{3}l\right) + \frac{1}{EI}(l^2 \cdot l) = \frac{7l^3}{6EI}$$

$$\delta_{12} = \delta_{21} = -\frac{1}{EI}\left(\frac{l^2}{2} \cdot l\right) = -\frac{l^3}{2EI}$$

$$\Delta_{1P} = \frac{1}{EI}\left(\frac{l^2}{2} \cdot \frac{1}{2}F_P l\right) = \frac{F_P l^3}{4EI}$$

$$\Delta_{2P} = \frac{-1}{2EI}\left(\frac{1}{2} \times \frac{1}{2}F_P l \times \frac{l}{2} \times \frac{5}{6}l\right) - \frac{1}{EI}\left(\frac{1}{2}F_P l^2 \times l\right) = -\frac{53F_P l^3}{96EI}$$

(4) 求出多余未知力

将各项系数及自由项的值代入典型方程可解出:

$$X_1 = -\frac{9}{80}F_P \qquad X_2 = \frac{34}{80}F_P$$

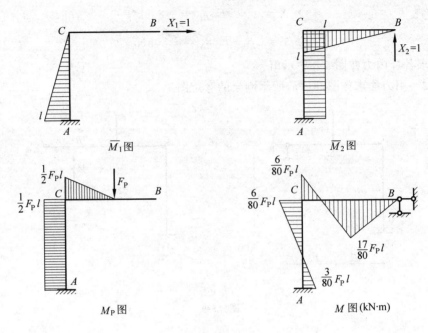

图 5-10

由此结果知：在荷载作用下，多余未知力（进一步推及结构的内力）的大小只与各杆件的相对刚度有关，与其绝对刚度无关；对相同材料杆件组成的结构，与材料常数 E 无关。

（5）求作弯矩图

求得多余未知力后，利用叠加可得最终弯矩图（图 5-10）。

$$M = \overline{M}_1 X_1 + \overline{M}_2 X_2 + M_P$$

例 5-3 用力法求作图 5-11 所示刚架弯矩图。

解：（1）选取基本体系

由几何分析知此刚架为二次超静定结构，$ABCD$ 为一刚片，用 3 根链杆及一铰连接于地基，显然有 2 个多余约束。在 B 点处用一铰代替原三杆刚结，相当去掉 2 个多余约束，代之以 X_1、X_2 2 个多余未知力（这里是弯矩）。X_1 代表从结点 B 右端传至左端的弯矩，X_2 代表从结点 B 右端传至下端的弯矩。基本体系如图 5-11 所示。

（2）给出力法典型方程

$$\delta_{11} X_1 + \delta_{12} X_2 + \Delta_{1P} = 0$$
$$\delta_{21} X_1 + \delta_{22} X_2 + \Delta_{2P} = 0$$

方程物理意义为，第一个方程表示 B 点处水平向左右两端不应有相对转角（即 AB 杆和 BC 杆在 B 点不应有相对转动）；第二个方程表示 B 点的右端和下端之间不应有相对转角（应为原直角）。

（3）计算各系数及自由项

绘制 $\overline{M}_1$ 图、$\overline{M}_2$ 图及 M_P 图，之后按先前求位移的做法，利用图乘法求得：

$$\delta_{11} = \frac{2}{EI} \times \left[\left(\frac{1}{2} \times l \times 1 \right) \times \frac{2}{3} \right] = \frac{2l}{3EI}$$

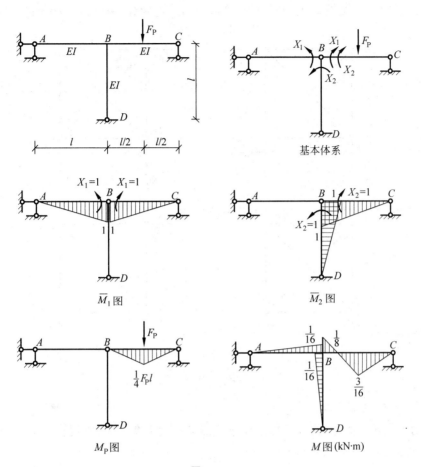

图 5-11

$$\delta_{22} = \frac{2}{EI} \times \left[\left(\frac{1}{2} \times l \times 1 \right) \times \frac{2}{3} \right] = \frac{2l}{3EI}$$

$$\delta_{12} = \delta_{21} = \frac{1}{EI} \left(\frac{1}{2} \times l \times 1 \times \frac{2}{3} \right) = \frac{l}{3EI}$$

$$\Delta_{1P} = \Delta_{2P} = \frac{1}{EI} \times \left(\frac{1}{2} \times l \times \frac{1}{4} F_P l \times \frac{1}{2} \right) = \frac{F_P l^2}{16EI}$$

请注意,这里 $\delta_{12} = \delta_{21}$ 是一般规律。$\delta_{11} = \delta_{22}$ 和 $\Delta_{1P} = \Delta_{2P}$ 是本题中的巧合,并非一般规律。

（4）求出多余未知力

有了各系数及自由项之值,代入典型方程则得:

$$X_1 = -\frac{1}{16} F_P l \qquad X_2 = -\frac{1}{16} F_P l$$

负值表示与图中所设方向相反。

（5）绘制弯矩图

利用叠加公式 $M = \overline{M}_1 X_1 + \overline{M}_2 X_2 + M_P$ 得最终弯矩图（图 5-11）。

例 **5-4** 用力法计算图 5-12 所示桁架各杆内力。已知各杆材料和截面面积相同。

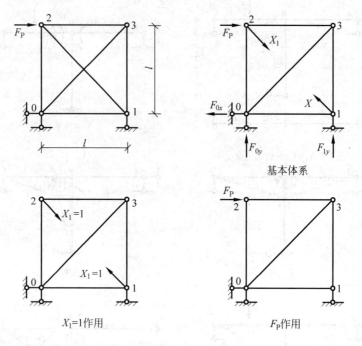

图 **5-12**

解：（1）选取基本体系

该结构为一次超静定,其 6 根杆中任一杆都可作为多余约束,本题中选取 12 杆作为多余约束,去掉后代之以多余未知力。

（2）列力法典型方程

$$\delta_{11}X_1 + \Delta_{1P} = 0$$

方程物理意义为：12 杆截开处两侧截面无相对线位移。

（3）求各系数及自由顶

对于桁架结构,其位移只由轴力引起(因各杆无弯矩和剪力)。先求出在 X_1 和 F_P 分别作用下基本结构中各杆的轴力。

对于 $X_1 = 1$ 作用下(此时无支座反力),由 2 点和 1 点的平衡求出 01 杆、13 杆、02 杆及 23 杆的轴力,再求出 03 杆(斜杆)的轴力：

$$\overline{F}_{N01} = \overline{F}_{N02} = \overline{F}_{N23} = \overline{F}_{N13} = -\frac{1}{\sqrt{2}}$$

$$\overline{F}_{N03} = \overline{F}_{N12} = 1$$

对于 F_P 作用下,先求出支座反力($F_{0x} = F_P$, $F_{0y} = -F_P$, $F_{1y} = F_P$),再由 0 点或 1 点起,利用平衡条件逐步求出所有杆件轴力：

$$F_{N02} = F_{N01} = F_{N12} = 0 \qquad F_{N23} = F_{N13} = -F_P \qquad F_{N03} = \sqrt{2}F_P$$

按定义有

$$\delta_{11} = \sum \frac{\overline{F}_{Ni}^2 l_i}{EA} = \frac{1}{EA}\left[4 \times \left(-\frac{1}{\sqrt{2}}\right)^2 \times l + 2 \times (1^2 \times \sqrt{2}l)\right] = \frac{2(1+\sqrt{2})l}{EA}$$

$$\Delta_{1P} = \sum \frac{\overline{F}_{Ni}F_{NPi}l_i}{EA} = \frac{1}{EA}\left[2\times\left(-\frac{1}{\sqrt{2}}\right)\times(-F_P)\times l + 1\times\sqrt{2}F_P\times\sqrt{2}l\right]$$

$$= \frac{(2+\sqrt{2})F_P l}{EA}$$

（4）求出多余未知力

$$X_1 = -\frac{\Delta_{1P}}{\delta_{11}} = -\frac{1}{\sqrt{2}}F_P$$

（5）求原结构中各杆的轴力

仍可按叠加公式 $F_{Ni} = \overline{F}_{Ni}X_1 + F_{NPi}$ 求得：

$$F_{N01} = F_{N02} = \frac{1}{2}F_P \qquad F_{N23} = F_{N13} = -\frac{1}{2}F_P \qquad F_{N12} = -\frac{1}{\sqrt{2}}F_P \qquad F_{N03} = \frac{1}{\sqrt{2}}F_P$$

注意：杆12虽被切开，但在 X_1 作用下，其对位移（杆的伸缩）的贡献仍应考虑。这就是 δ_{11} 表达式中的 $\frac{1}{EA}\times1\times1\times\sqrt{2}l$。

例 5-5　用力法计算图 5-13 所示超静定排架，绘制其弯矩图。

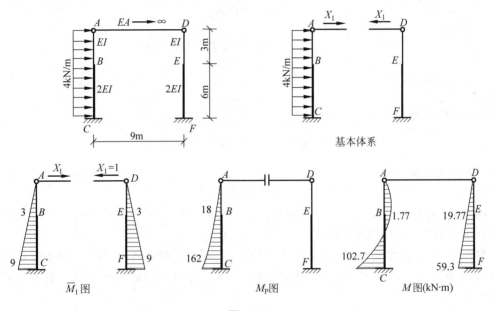

图　5-13

解：（1）选取基本体系

对此排架从结构上进行分析，可将 ABC 柱和 DEF 柱分别看作固定在地基上类似悬臂梁的结构，均为静定结构。再用 AD 链杆连接，显然成为 1 次超静定结构，故将 AD 杆选作多余约束将其断开，选取其轴力作为多余未知力。这里的主要目标是作该排架的弯矩图，故 AD 杆的轴向变形可忽略，所以取 $EA\to\infty$。

（2）列力法基本方程

$$\delta_{11}X_1 + \Delta_{1P} = 0$$

该方程的物理意义为：在 AD 杆断开处两侧截面的相对线位移为零。

（3）绘制 M_P 图、$\overline{M}_1$ 图

$\overline{M}_1$ 图较简单，为一线性图形；M_P 图只有在 ABC 杆上不为零，若以 A 到 C 为 x 方向，零点取在 A 点，以外侧受拉为正，则 M_P 的表达式为 $4 \times x \times \dfrac{x}{2} = 2x^2$（外侧受拉）。

（4）计算系数和自由项

由于 AD 链杆抗拉压刚度无穷大，不产生轴向变形，该链杆是二力杆，故对系数和自由项的求解计算无影响。绘制 $\overline{M}_1$ 图和 M_P 图，按前述理论用图乘法求解，每柱按两段计算，即

$$\delta_{11} = \frac{2}{EI}\left[\left(\frac{1}{2} \times 3 \times 3\right) \times \left(\frac{2}{3} \times 3\right)\right] + \frac{2}{2EI}\left[\left(\frac{1}{2} \times 3 \times 6\right) \times \left(\frac{2}{3} \times 3 + \frac{1}{3} \times 9\right) + \right.$$
$$\left.\left(\frac{1}{2} \times 9 \times 6\right) \times \left(\frac{2}{3} \times 9 + \frac{1}{3} \times 3\right)\right]$$
$$= \frac{252}{EI}$$

$$\Delta_{1P} = \frac{1}{EI}\left[\left(\frac{1}{3} \times 18 \times 3\right) \times \left(\frac{3}{4} \times 3\right)\right] + \frac{1}{2EI}\left[\left(\frac{1}{2} \times 18 \times 6\right) \times \left(\frac{2}{3} \times 3 + \frac{1}{3} \times 9\right) + \right.$$
$$\left.\left(\frac{1}{2} \times 162 \times 6\right) \times \left(\frac{2}{3} \times 9 + \frac{1}{3} \times 3\right) - \left(\frac{2}{3} \times 18 \times 6\right) \times \frac{3+9}{2}\right]$$
$$= \frac{3321}{EI}$$

（5）求出多余未知力

$$X_1 = -\frac{\Delta_{1P}}{\delta_{11}} = -\frac{369}{56}\text{kN} = -6.59\text{kN}$$

（6）绘弯矩图

利用叠加公式 $M = \overline{M}_1 X_1 + M_P$ 作弯矩图，见图 5-13。

例 5-6　用力法计算图 5-14 所示超静定组合结构，求梁式杆的弯矩和链式杆的轴力。梁式杆抗弯刚度为 EI，链式杆的抗拉压刚度为 EA。

解：（1）确定超静定次数。该结构中 ACD 为三角形形状且两两铰接，显然 BD 杆为一多余约束，故为一次超静定。请注意该结构中 AD 杆、BD 杆和 DC 杆中的任一杆都可看作多余约束。

（2）力法基本体系。如图 5-14(b)所示，设 BD 杆受拉。

（3）给出力法基本方程

$$\delta_{11}X_1 + \Delta_{1P} = 0$$

方程物理意义为：BD 杆假想截断处两相对截面无相对线位移（即杆是连续的）。

（4）求出系数及自由项。绘制 M_P 图、F_{NP} 图和 $\overline{M}_1$ 图、$\overline{F}_{NP}$ 图。当只有 $X_1 = 1$ 作用时，由 D 点平衡求出 AD 和 DC 杆的轴力，ABC 杆的弯矩按简支梁中点受集力 $X_1 = 1$ 求出。

当只有外荷载（梁上的均布荷载和 D 点集中力）作用时，由 D 点平衡求出 AD 杆和 DC 杆的轴力，由均布荷载求梁的弯矩。若以 A 点为零点，ABC 轴线方向为 x 方向，则梁 ABC

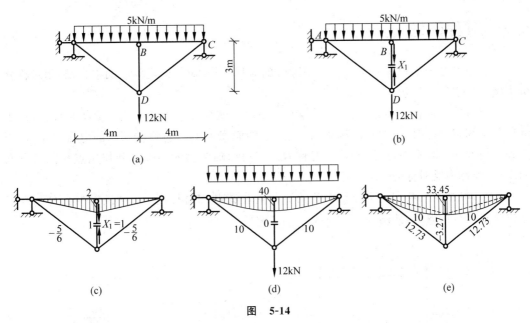

图 5-14

（a）原结构；（b）基本体系；（c）$\overline{M}_1$ 图和 $\overline{F}_{N1}$ 图；（d）M_P 图和 F_{NP} 图；（e）M 图（kN·m）和 F_N 图（kN）

的弯矩方程为

$$M(x) = 20x - \frac{5}{2}x^2 \quad （下侧受拉为正）$$

此问题在求 δ_{11} 和 Δ_{1P} 时，梁式杆只考虑弯矩的影响，链式杆考虑拉压影响。按绘制的 $\overline{M}_1$ 图、$\overline{F}_{N1}$ 图和 M_P 图、F_{NP} 图求得：

$$\delta_{11} = \frac{2}{EI}\left[\left(\frac{1}{2} \times 2 \times 4\right) \times \left(\frac{2}{3} \times 2\right)\right] + \frac{1}{EA}\left[2 \times \left(-\frac{5}{6}\right)^2 \times 5 + 1^2 \times 3\right]$$

$$= \frac{32}{3EI} + \frac{179}{18EA}$$

$$\Delta_{1P} = \frac{2}{EI}\left[\left(\frac{2}{3} \times 40 \times 4\right) \times \left(\frac{5}{8} \times 2\right)\right] + \frac{2}{EA}\left[10 \times \left(-\frac{5}{6}\right) \times 5\right]$$

$$= \frac{800}{3EI} - \frac{250}{3EA}$$

以上两表达式中第一项为梁式杆上弯矩对位移的贡献，第二项为链式杆上轴力对位移的贡献。

（5）求出多余未知力

为求解方便，设 $I = 2A$（数值上，量纲是不同的），将 δ_{11} 和 Δ_{1P} 代入力法基本方程得：

$$X_1 = -\frac{\Delta_{1P}}{\delta_{11}} = -\frac{50}{EA} \times \frac{18EA}{275} = -3.27\text{kN}$$

这表明，BD 杆受压。

（6）求出最终结构内力（梁式杆弯矩和链式杆轴力）

用叠加法 $M = \overline{M}_1 X_1 + M_P$，$F_N = \overline{F}_{N1} X_1 + F_N$ 即可求得结构内力，如图 5-14 所示。

5.5　对称问题

　　工程中经常会出现有一个或多个对称轴的对称结构,对于此类问题的求解,利用对称分析可减少一定的工作量。

　　所谓对称问题包括两方面:一是结构的对称性,就是说结构具有几何形状对称、结构刚度对称及约束形式对称(关于对称轴);二是受力(荷载)对称,对称轴两侧的力在大小、作用点和作用方向上具有对称性,则称为对称力。若对称轴两侧的力大小和作用点相同但方向相反时,则称为反对称力。

　　另外,根据外荷载和内力可把对称力分为对称荷载和对称内力;把反对称力分为反对称荷载和反对称内力,如图 5-15 所示。

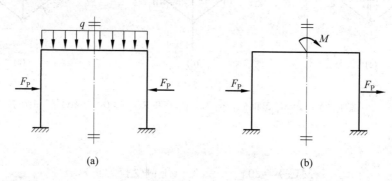

图　5-15

(a) 对称荷载;(b) 反对称荷载

5.5.1　对称结构上受对称荷载作用

　　用力法求解如图 5-16 所示结构问题。求解该问题时,此刚架明显为 3 次超静定结构,为

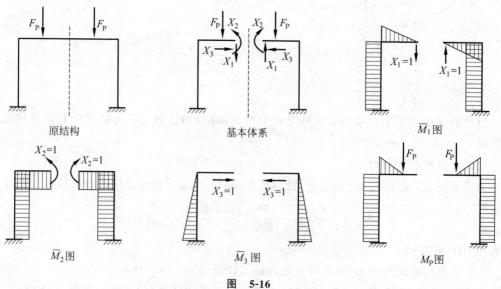

图　5-16

利用对称性,从刚架对称轴处的横梁跨中截开。暴露出 3 个内力,即剪力 X_1、弯矩 X_2 及轴力 X_3,按照力法求解的步骤,相应地绘出 $\overline{M}_1$ 图、$\overline{M}_2$ 图、$\overline{M}_3$ 图和 M_P 图,该问题的力法典型方程为

$$\delta_{11} X_1 + \delta_{12} X_2 + \delta_{13} X_3 + \Delta_{1P} = 0$$
$$\delta_{21} X_1 + \delta_{22} X_2 + \delta_{23} X_3 + \Delta_{2P} = 0$$
$$\delta_{31} X_1 + \delta_{32} X_2 + \delta_{33} X_3 + \Delta_{3P} = 0$$

这三个方程的物理意义为,在横梁中点假设截开处,两截面无相对线位移和相对角位移。下面求出这些系数和自由项,并探究其规律性。

计算副系数(δ_{12}、δ_{13}、δ_{23}、δ_{31}、δ_{32}),以 δ_{12} 为例,由于 δ_{12} 是由 $\overline{M}_1$ 和 $\overline{M}_2$ 乘积并积分得到,由各弯矩图看到,$\overline{M}_1$ 反对称而 $\overline{M}_2$ 对称,显然 $\delta_{12}=0$,同理可得 δ_{21}、δ_{13}、δ_{31} 为零。

计算自由项。同上所述,能肯定 $\Delta_{1P}=0$($\overline{M}_1$ 反对称,M_P 对称)。

将以上结果代入典型方程,得:

$$\delta_{11} X_1 = 0$$
$$\delta_{22} X_2 + \delta_{23} X_3 + \Delta_{2P} = 0$$
$$\delta_{32} X_2 + \delta_{33} X_3 + \Delta_{3P} = 0$$

其中第一个方程只含有 X_1 一个未知数,这个三元一次联立方程组化为了一元一次方程和二元一次方程组,显然,计算上简单了。

由第一个方程可解出 $X_1=0$(因为 $\delta_{11}>0$)。X_2 和 X_3 由后两个方程解出。之后利用叠加公式 $M=\overline{M}_2 X_2 + \overline{M}_3 X_3 + M_P$ 求得弯矩图。

对此图稍作分析,由于 $\overline{M}_2$ 图、$\overline{M}_3$ 图和 M_P 图均为对称图形,故最终弯矩图必然对称,既然弯矩图对称,结构对称,那么该结构的变形必然对称。由此得出一般性结论:①对称问题中其内力和变形是对称的;②对称轴经过的截面上只有对称的内力,而反对称的内力为零。

由于对称问题具有以上两个特点,也常将问题从对称轴处截开,求其一半结构的内力,这种方法称作半结构法,以下举例来说明。将如图 5-17 所示结构化为用半结构法求解的模型。

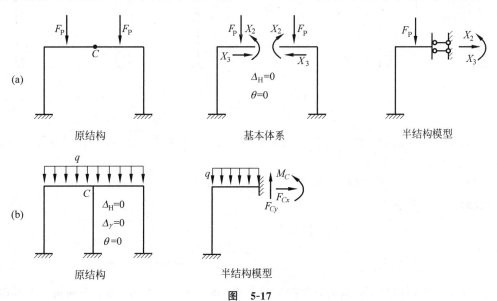

图　5-17

图 5-17(a)中,在对称点 C 处,截面上剪力为零,且不可能有水平位移和转动,所以可用竖向滑动支座代替(无竖向反力,无水平移动和转动),待求的内力为轴力 X_3 和弯矩 X_2。

图 5-17(b)中,在对称点 C 处,既无水平向和竖向线位移又无转角(中间杆件由于对称不可能有弯曲,可忽略其伸缩变形),所以可用固定支座代替(无任何位移),待求的内力为 C 点处左弯矩 M_C,水平向轴力 F_{Cx} 和中间杆的拉压力 F_{Cy}。

5.5.2 对称结构上受反对称荷载

用力法求解图 5-18 所示的结构。该结构对称,荷载反对称,超静定次数为 3。取如图所示的基本体系,多余未知力为 C 点处横梁截面上的剪力 X_1、弯矩 X_2 和轴力 X_3,其力法典型方程为

$$\delta_{11}X_1 + \delta_{12}X_2 + \delta_{13}X_3 + \Delta_{1P} = 0$$
$$\delta_{21}X_1 + \delta_{22}X_2 + \delta_{23}X_3 + \Delta_{2P} = 0$$
$$\delta_{31}X_1 + \delta_{32}X_2 + \delta_{33}X_3 + \Delta_{3P} = 0$$

方程物理意义为:C 点处被假想截开后,两侧截面无相对线位移(左右相对位移和上下错动位移)和角位移。

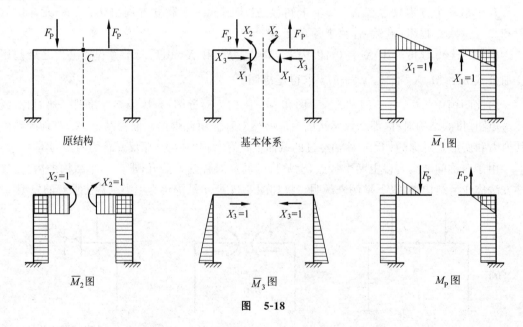

图 5-18

求典型方程中的副系数。由于 $\overline{M}_2$ 图和 $\overline{M}_3$ 图为对称图形,$\overline{M}_1$ 图为反对称图形,所以 $\delta_{12} = \delta_{21} = 0$;$\delta_{13} = \delta_{31} = 0$。

求自由项。从 4 幅弯矩图的对称或反对称性可推知 $\Delta_{2P} = \Delta_{3P} = 0$。

此时典型方程变为

$$\delta_{11}X_1 + \Delta_{1P} = 0$$
$$\delta_{22}X_2 + \delta_{23}X_3 = 0$$
$$\delta_{32}X_2 + \delta_{33}X_3 = 0$$

上述方程组可以分为:第 1 个方程是关于 X_1 的一元一次方程,第 2 个和第 3 个方程联

立成为二元一次方程组；后一方程组的系数行列式不为零（可计算出），故有解 $X_2=0$，$X_3=0$。可看出对称内力（弯矩 X_2 和轴力 X_3）为零，只存在反对称内力（剪力 X_1）。

利用叠加公式 $M=\overline{M}_1 X_1+M_P$ 求出原结构弯矩图。类比前述推导可得结论：对称结构上作用反对称荷载时，①其内力是反对称的，相应变形也是反对称的；②对称轴经过的截面上只有反对称内力，而对称内力为零。同样，此种情形也可用半结构法来减少计算工作量。

若对称结构承受任意荷载，可将问题分解为对称和反对称两组荷载分别作用的两个问题，之后再利用半结构法分别求解。解出半结构问题后再将两个问题叠加得原结构的解。以下举例说明。

例 5-7　试将如图 5-19 所示刚架结构简化为半结构问题。

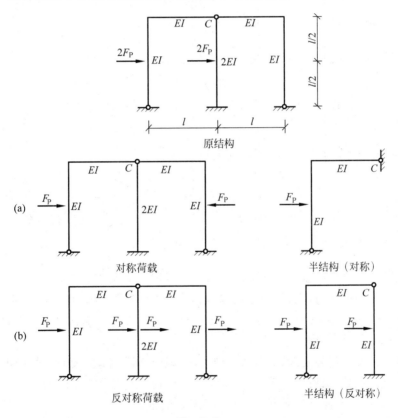

图　5-19

解：此问题中结构形式具有对称性，但荷载不对称也不反对称。为使问题简化，可将荷载构造成(a)和(b)两种情形，其效果与原结构上的荷载效果相同。对(a)和(b)进一步各自化为半结构，则问题得以简化，易于求解。

(a)情形中 C 点的位移是，无竖向和水平向线位移（这是由于竖向杆的约束和对称性所致）；C 点的内力是无弯矩（铰接），无剪力（对称性所致）。所以，可简化成图中的情形。

(b)情形为反对称荷载，C 点的位移特点是有水平向线位移无竖向线位移；C 点的内力应是无弯矩状态，中间杆件可一分为二将其抗弯刚度减半，简化成如图情形。

例5-8　试将图5-20所示刚架结构简化为半结构问题。

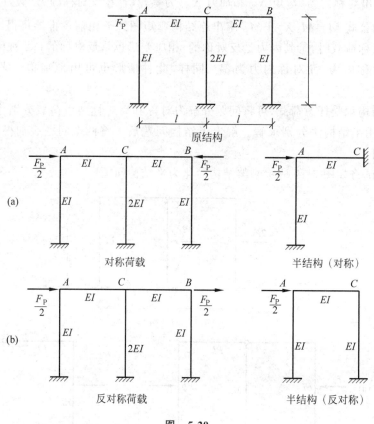

图　5-20

解：先将原问题按对称和反对称分解为（a）和（b）两种情形。在（a）中考虑对称轴上 C 点的位移及内力特征，C 点无任何线位移和角位移，中间竖杆不受力；在（b）中 C 点可有水平位移，中间杆件抗弯刚度可按减半考虑，中间杆件的内力将来要叠加。简化的半结构应符合这些特征，如图5-20所示。

本例是一个6次超静定问题，若按一般力法求解来做的话，需要画7幅弯矩图，求36个系数和6个自由项数，最后解一个六元一次方程组，这显然是非常烦琐的。简化之后的两个结构显然简单得多，由此可看到利用对称性求解的优越性。

5.6　支座移动和温度变化时超静定结构的计算

对于超静定结构来说，支座移动、温度改变引起材料胀缩以及制造误差都可引起结构的内力，称为自内力。这也是超静定结构的特征之一。这些问题仍可用力法求解，以下通过举例说明对该类问题的求解方法。

如图5-21所示刚架，支座 A 由于某种原因发生位移，其位移情况及位移量示于图中，求作该结构在 A 点有了位移之后所引起的弯矩变化（即绘制该结构的 M 图）。取基本体系如图5-21（b）所示，那么基本结构在多余未知力 X_1、X_2 和支座位移共同影响下应与原结构

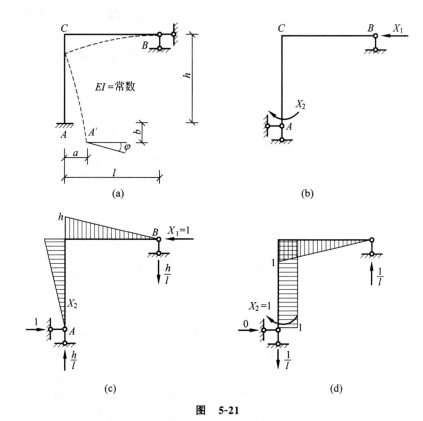

图 5-21

(a) 原结构；(b) 基本体系；(c) $\bar{F}_{R1}$ 图、$\bar{M}_1$ 图；(d) $\bar{F}_{R2}$ 图、$\bar{M}_2$ 图

具有相同位移条件：$\Delta_1=0$（B 点处 X_1 方向上线位移为 0）；$\Delta_2=\varphi$（A 点处 X_2 方向上角位移为 φ）。这里将荷载影响代换为支座位移影响。其力法典型方程为

$$\delta_{11}X_1+\delta_{12}X_2+\Delta_{1\Delta}=0$$
$$\delta_{21}X_1+\delta_{22}X_2+\Delta_{2\Delta}=\varphi$$

方程中系数的计算方法与之前相同。自由项 $\Delta_{1\Delta}$ 和 $\Delta_{2\Delta}$ 分别是基本结构由于支座移动在去掉多余约束处沿 X_1 和 X_2 方向上所引起的位移，计算时用式(4-10)，$\Delta_{ic}=-\sum F_{Ri}c_j$。

在 $X_1=1$ 作用下，A 点支反力为 $\bar{F}_{Ax}=1$，$\bar{F}_{Ay}=\dfrac{h}{l}$，对应的位移为 a 和 $-b$，位移的正负是相对于相应的支座反力而定，所以

$$\Delta_{1\Delta}=-\sum F_{Rj}c_j=-\left[1\times a+\frac{h}{l}\times(-b)\right]=-a+\frac{h}{l}\times b$$

同理，在 $X_2=1$ 作用下

$$\Delta_{2\Delta}=-\sum F_{Rj}c_j=-\left(0\times a+\frac{1}{l}\times b\right)=-\frac{b}{l}$$

注意，这里不应有 $1\times\varphi$，因为 A 点虽有转角但无支座反力弯矩（A 点为一铰）。

自由项的求出不再详细计算，直接给出结果：

$$\delta_{11} = \frac{(l+h)h^2}{3EI} \qquad \delta_{12} = -\frac{(2l+3h)h}{6EI}$$

$$\delta_{21} = -\frac{(2l+3h)h}{6EI} \qquad \delta_{22} = \frac{l+3h}{3EI}$$

设 $l=4\text{m}, h=2\text{m}$，此时典型方程为

$$\frac{8}{EI}X_1 - \frac{14}{3EI}X_2 + \left(\frac{b}{2}-a\right) = 0$$

$$-\frac{14}{3EI}X_1 + \frac{10}{3EI}X_2 - \frac{b}{4} = \varphi$$

解得：

$$X_1 = \frac{21}{22}\left(\varphi + \frac{5}{7}a - \frac{3}{28}b\right)EI \qquad X_2 = \frac{1}{154} \times \left(252\varphi + \frac{1029}{7}a - \frac{147}{14}b\right)EI$$

弯矩 M 由叠加得到：$M = \overline{M}_1 X_1 + \overline{M}_2 X_2$，由于支座移动不引起静定基本结构的内力，因此叠加时再无类似的 M_P 项，或者由求出支座反力后在基本结构上求出。若给出了 a、b 和 φ 之值就可绘制出具体的 M 图。

从上述计算过程和结果可知：①典型方程中自由项的计算是在静定的基本结构上进行的，采用式(4-10)计算，且 Δ_{ic} 为刚体位移；②典型方程中右边一般不再为零，体现了基本体系与原结构在此位置上的变形协调条件；③支座移动时超静定结构的内力和支座反力与杆件刚度成正比。

现举例说明超静定结构受到温度变化影响时，如何用力法求解。如图 5-22 所示 2 次超静定刚架，内外侧温度分别升高了 t_1 和 t_2。用力法求解时，先选取基本体系(图 5-22(b))，那么，对应于多余未知力 X_1 和 X_2 列出该问题的力法典型方程为

$$\delta_{11}X_1 + \delta_{12}X_2 + \Delta_{1t} = 0$$

$$\delta_{21}X_1 + \delta_{22}X_2 + \Delta_{2t} = 0$$

其中，自由项 Δ_{1t} 和 Δ_{2t} 分别是基本体系中 A 点在 X_1 和 X_2 方向上由于温度改变所引起的位移，它们应按式(4-11)计算，即

$$\Delta_{it} = \sum \pm \overline{F}_{Ni} \alpha t_0 l_i + \sum \pm \alpha \frac{\Delta t}{h} A_{\overline{M}i}$$

方程中系数的计算与之前相同，因为它们与温度变化无关。

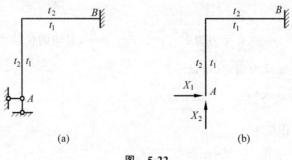

图　5-22

最后用叠加法求弯矩：$M = \overline{M}_1 X_1 + \overline{M}_2 X_2$，因为基本结构是静定的，温度变化不产生内力。

下面求解一个具体的刚架在温度变化下的内力(图 5-23),其 EI 和梁高 h 均为常数。

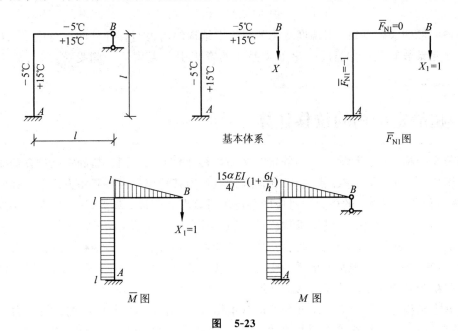

图　**5-23**

该问题的典型方程为

$$\delta_{11}X_1 + \Delta_{1t} = 0$$

该方程的意义是 B 点的协调条件,Δ_{1t} 为基本体系上 B 点在 X_1 方向上由于温度变化引起的位移。

系数和自由项为

$$\delta_{11} = \frac{1}{EI}\left(l \times l \times l + \frac{1}{2} \times l \times l \times \frac{2}{3}l\right) = \frac{4l^4}{3EI}$$

$$\Delta_{1t} = \sum \pm \overline{F}_{Ni}\alpha t_0 l_i + \sum \pm \alpha \frac{\Delta t}{h} A_{\overline{M}i}$$

$$= -1 \times \alpha t_0 \times l + \left(-\alpha \times \frac{\Delta t}{h} \times l \times l - \alpha \times \frac{\Delta t}{h} \times \frac{1}{2} \times l \times l\right)$$

这里 $t_0 = \frac{1}{2}(t_1 + t_2) = \frac{15-5}{2}$℃ $= 5$℃,$\Delta t = t_1 - t_2 = [15-(-5)]$℃ $= 20$℃。

Δ_{1t} 的计算中涉及三项(竖杆轴力影响,竖杆和水平杆的弯矩影响)。第一项取负号的理由是,杆轴力为压,温度变化的影响使该杆伸长;后两项取负号的理由是,$\overline{M}$ 引起外侧受拉,而温度是内侧高,故内侧受拉。

$$\Delta_{1t} = -5\alpha l\left(1 + \frac{6l}{h}\right)$$

解得:

$$X_1 = \frac{15\alpha EI}{4l^2}\left(1 + \frac{6l}{h}\right)$$

弯矩应为

$$M = \overline{M}_1 X_1$$

由该问题的求解可知：①温度变化下超静定结构的内力与各杆件的抗弯刚度 EI 以及材料线膨胀系数有关；②温度变化下梁截面的弯矩引起温度低一侧受拉，这与静定结构不同。

5.7 超静定结构的位移计算

超静定结构的位移计算方法与静定结构的位移计算方法相同。超静定结构在荷载作用下内力图用力法求得，若求某点位移，还需在此点作用某种单位力再利用力法求出此时内力图，考虑两种荷载作用下的内力图对应图乘可求得该点处位移。显然，这一工作较烦琐。可利用基本结构（静定结构）来解决求位移的问题。基本体系与原结构的区别是把多余未知力由原来的约束（支承力或某点截面内力）变为了荷载。因此，只要多余未知力满足力法典型方程，然后解方程求得，则基本体系的受力状态就与原结构完全相同，因而求原结构位移的问题就归结为求相应基本体系位移的问题。

超静定结构的最终内力图不会随所取基本结构的不同而异，所以可把最终内力图看作由任一（已选定）基本结构求得的。这样一来，作位移计算时，其虚拟单位力作用下的内力图可由任一基本结构求得。

现以例 5-2 问题为例，求该结构中 C 点的转角 φ_C。将结构最终内力图（M 图）及任意选取两个基本结构在 C 点作用虚拟单位弯矩计算的弯矩图绘出，按前述图乘法求得转角 φ_C。

由第一种基本结构的虚拟单位力矩绘制 $\overline{M}$ 图，M 图已知，图乘可得：

$$\varphi_C = \frac{1}{EI}\left[\left(\frac{1}{2} \times \frac{2}{3}l \times \frac{3}{40}F_P l\right) \times 1 - \left(\frac{1}{2} \times \frac{1}{3}l \times \frac{3}{80}F_P l\right) \times 1\right] = \frac{3F_P l^2}{160EI}$$

由第二种基本结构的虚拟单位力矩绘制 $\overline{M}$ 图，M 图已知，图乘可得

$$\varphi_C = \frac{1}{2EI}\left[\left(\frac{1}{2} \times l \times \frac{17}{40}F_P l\right) \times \frac{2}{3} - \left(\frac{1}{2} \times \frac{1}{2}l \times \frac{1}{2}F_P l\right) \times \frac{5}{6}\right] = \frac{3F_P l^2}{160EI}$$

提示：（由图 5-10 可知，M 图由 M_P 和 $\overline{M}_2 X_2$ 相加而来，现在图乘时，分两部分相乘，即 $\overline{M}_2 X_2$ 与图 5-24 中 $\overline{M}$ 图乘为正，M_P 与图 5-24 中 $\overline{M}$ 图乘为负。）

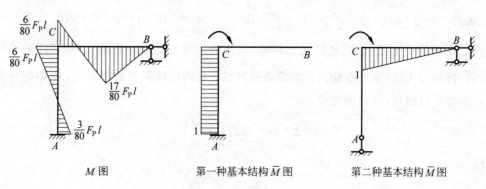

M 图 　　　　第一种基本结构 $\overline{M}$ 图 　　　　第二种基本结构 $\overline{M}$ 图

图 5-24

结构的 M 图是确定的,根据 M 图的图形特点,选基本结构应考虑哪种情形的弯矩图形更方便做图乘,对此问题来说,显然,选取第一种基本结构计算要相对简便些。

5.8　超静定结构的内力图校核

内力图是结构设计的依据,不能有误,而超静定结构内力的力法求解步骤较多,必须对它进行校核。正确的内力图必须满足各构件平衡和位移协调条件(静定问题只满足平衡条件即可)。用力法求出多余未知力只满足了变形协调条件,未涉及平衡条件,故应对最终内力图进行两个方面的校核,平衡条件的校核是必要条件,变形协调的校核是充分条件。平衡条件的校核方法是,选取结构中的结点或截取杆件,其上作用的全部力须平衡;变形协调的校核方法是,按求得的内力图计算原结构某一截面的位移,校核它与实际的已知变形情况是否相符(一般选位移已知处来校核)。

例 5-9　校核图 5-25 所示刚架的解答是否正确,内力解答已给出。

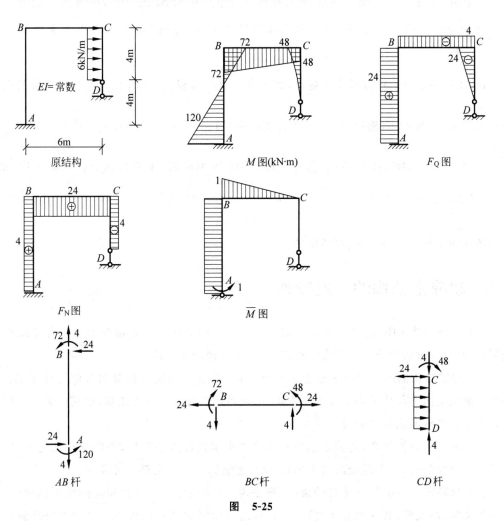

图　5-25

解：将各杆件取为隔离体，根据内力图（图中已给出）将各杆的端部内力及中间所受外荷载示出，利用平衡条件进行平衡校核。以 CD 杆为例，C 点内力为：弯矩为 $48\text{kN} \cdot \text{m}$（内侧受拉），剪力为 24kN（负值，使 CD 杆逆时针转动），轴力为 4kN（受压）；D 点内力为：弯矩为 0（铰接），剪力为 0，轴力为 4kN（受压）。平衡校核如下：

$$\sum M_C = 48 - \frac{1}{2} \times 6 \times 4^2 = 0$$

$$\sum F_x = 24 - 6 \times 4 = 0$$

$$\sum F_y = 4 - 4 = 0$$

说明 CD 杆满足平衡条件，其他杆件做同样验算。除取杆件校核外，还可取结点隔离体或结构的某一部分作为隔离体来校核。

下面校核结构变形条件（协调条件）。选取 A 点，A 点杆件被固定，所以杆件 AB 在 A 点的转角 θ_A 必为 0。现求解 A 点的转角 θ_A，原结构的 M 图已知，按求位移的方法在 A 点施加与转角相应的单位力矩，求出此情形下的 $\overline{M}$ 图（图 5-25），再用图乘法即可求得 θ_A。

在 M 图中沿 AB 杆有两个三角形，其下面一块的面积为 $\frac{1}{2} \times 120 \times 5$，上面一块的面积为 $\frac{1}{2} \times 72 \times 3$。与 $\overline{M}$ 图相乘时，下一块为正：$\frac{1}{2} \times 120 \times 5 \times 1 = 300$，上一块为负：$-\frac{1}{2} \times 72 \times 3 \times 1 = -108$，$BC$ 杆上的 $\overline{M}$ 图为三角形，M 图为梯形，乘积应为负：$-\frac{1}{2} \times 1 \times 6 \times 64 = -192$，三项相加可得：

$$\theta_A = 300 - 108 - 192 = 0$$

协调条件满足要求，说明该问题的解答正确。

5.9　超静定结构的一般特性

（1）超静定结构中，任何因素都可能引起内力。因为任何因素都会引起超静定结构的变形，在其发生过程中受多余约束的作用，因而相应地产生了内力。

（2）静定结构的内力只按平衡条件即可求得，其值与结构的材料和截面尺寸无关；而超静定结构的内力仅凭平衡条件无法求得，必须考虑变形条件才可求得，故其内力与结构的材料性质和杆件截面尺寸有关。

（3）按几何分析可知，超静定结构在多余约束被破坏或去除后，仍能维持几何不变（这里从几何方面分析，并不是说结构不坏）；而静定结构任一约束都不可或缺。

（4）超静定结构由于有多余约束，一般来说，其结构的刚度要比相应的静定结构（如对应的基本结构）大些，其内力分布也比较均匀，这是超静定结构的优点。这一点可从前述多个例题来理解。

力法小结

1. 力法是超静定结构分析的经典解法之一,另一经典解法为后续的位移法。该方法适用于在荷载或广义荷载作用下的任何形式的结构。

2. 超静定结构因具有多余约束而不同于静定结构,力法的基本未知量是这类多余约束的反力或内力(统称为多余约束力)。超静定结构的多余约束个数就是结构的超静定次数。

3. 力法的基本原理。超静定结构相对于静定结构有了多余约束,所以,利用平衡条件(3 个方程,即 2 个相互垂直方向上的力平衡方程和 1 个关于某点的力矩平衡方程)不能求解所有约束力和杆件内力,故必须补充变形协调方程,这些协调方程即为力法的基本方程。在基本体系上对每一个多余未知力都可写出一个协调条件,故基本方程数与超静定次数必然相等。

4. 力法求解的步骤:

(1) 选取基本结构(一般有多种选法,应选取较为常见的形式);

(2) 确定基本体系(在基本结构上加上荷载和多余未知力);

(3) 给出基本方程(有几个多余未知力一定有几个方程),这些方程是在某些点上的协调条件;

(4) 利用求位移的方法求得基本方程中的自由项和系数(一般用图乘法);

(5) 求解基本方程可得其解(多余未知力);

(6) 由叠加法求出最终内力图,以弯矩为例,应是 $M = M_{\mathrm{P}} + \sum \overline{M}_i X_i$,其余二内力用类似方法处理。

(7) 进行校核验算。

① 平衡条件的校核,从结构中任意取出一部分都应满足平衡条件。

② 变形条件的校核,一般采用计算原结构中某点位移是否等于已知位移的方法进行校核。同时满足这两方面的条件才能保证计算结果是正确的。

5. 为使计算简化,要善于选取合适的基本体系,会利用对称性。

习题

一、判断题(对的打"√",错的打"×")

1.1　超静定结构的静力特征是,仅根据平衡条件不能求出其全部内力及反力。(　　)

1.2　力法可解超静定结构,也可解静定结构。(　　)

1.3　不受外力作用的任何结构,内力一定为零。(　　)

1.4　用力法求解出超静定结构内力图后,用平衡条件即可进行充分校核。(　　)

1.5　力法典型方程表示的是变形条件。(　　)

1.6　在荷载作用下,力法典型方程的各系数中,其主系数恒为正。(　　)

1.7　用力法计算荷载作用下的超静定结构时,只需知道各杆的相对刚度。(　　)

1.8　在荷载作用下,超静定结构进行内力计算可用杆件刚度的相对值,位移计算须用杆件刚度的绝对值。(　　)

1.9　力法的基本结构必须是静定的。（　　）

1.10　习题 1.10 图所示原结构的 M 图如习题 1.10 图所示。（　　）

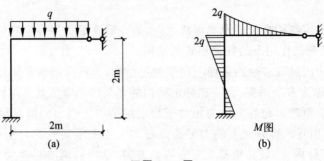

习题 1.10 图

1.11　习题 1.11 图（a）为原结构，取习题 1.11 图（b）为力法基本结构，则其力法基本方程为 $\delta_{11}X_1=c$。（　　）

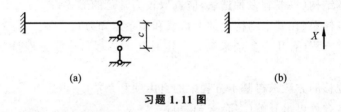

习题 1.11 图

1.12　习题 1.12 图（a）所示结构，$EI=$ 常数，取习题 1.12 图（b）为力法基本体系，则 $\delta_{12}=0$。（　　）

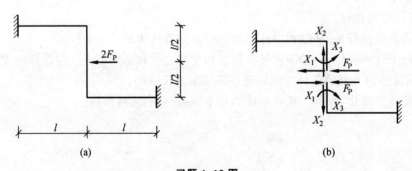

习题 1.12 图

1.13　习题 1.13 图（a）所示梁，在温度变化时的 M 图如习题 1.13 图（b）所示。（　　）

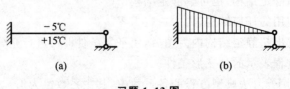

习题 1.13 图

1.14　习题 1.14 图（a）所示同种材料的等截面刚架，在温度变化时的 M 图如习题 1.14 图（b）所示。（　　）

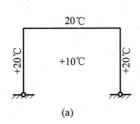

(a)

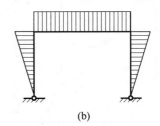

(b)

习题 1.14 图

二、填空题

2.1　力法典型方程等号左侧各项代表_____，右侧代表_____。

2.2　习题 2.2 图(a)所示桁架(EA＝常数)，力法基本结构如习题 2.2 图(b)所示，力法典型方程中的系数 δ_{11} 为_____，其物理意义为_____。

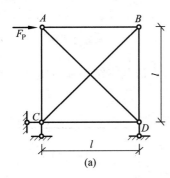

(a)

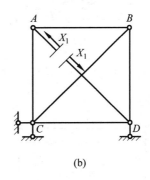

(b)

习题 2.2 图

2.3　习题 2.3 图(a)所示结构中支座沉降为 b，力法基本结构如习题 2.3 图(b)所示，则相应的力法方程中 Δ_{1C}＝_____，Δ_{2C}＝_____，其物理意义为_____。

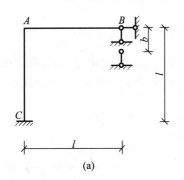

(a)

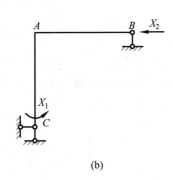

(b)

习题 2.3 图

2.4　习题 2.4 图(a)所示结构，取习题 2.4 图(b)为力法基本体系，则 Δ_{1C}＝_____。

2.5　习题 2.5 图所示连续梁，B 点支座下沉 $\Delta=1$，得杆端弯矩 M_{AB}＝_____。

2.6　习题 2.6 图所示连续梁，C 支座下沉 Δ，AB、BC 杆长均为 l，B 点转角 θ_B＝_____。

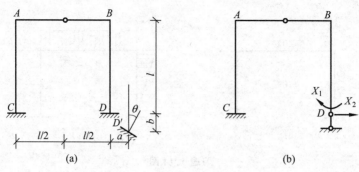

习题 2.4 图

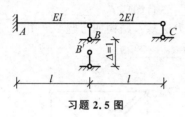

习题 2.5 图

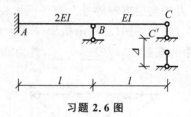

习题 2.6 图

2.7　习题 2.7 图(a)所示结构中支座转动 θ，力法基本结构如习题 2.7 图(b)所示，则力法方程中 $\Delta_{1C} =$ _____。

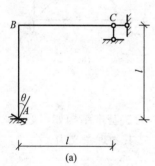

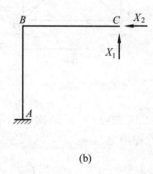

习题 2.7 图

2.8　习题 2.8 图所示两刚架尺寸、支承及受荷相同，抗弯刚度不同，那么如习题 2.8 图(a)所示刚架任一某截面处的弯矩值为如习题 2.8 图(b)所示刚架相同截面处弯矩值的_____倍。

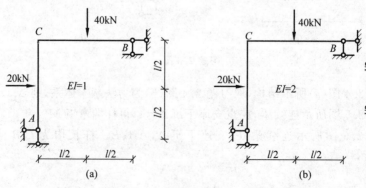

习题 2.8 图

2.9　如习题 2.9 图所示梁,抗弯刚度为常数,在均布荷载 q 作用下,其跨中竖向位移为_____。

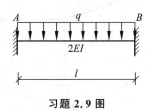

习题 2.9 图

2.10　如习题 2.10 图(a)所示连续梁,若取习题 2.10 图(b)所示基本体系,则力法典型方程(不计算具体值)为_____。

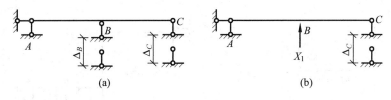

习题 2.10 图

2.11　如习题 2.11 图所示连续梁,将 AB 杆的 EI_1 增大,则 $|M_{AB}|$ 的变化趋势为_____。

2.12　如习题 2.12 图所示刚架结构对称,$EI=$ 常数,杆 AB 的轴力为_____。

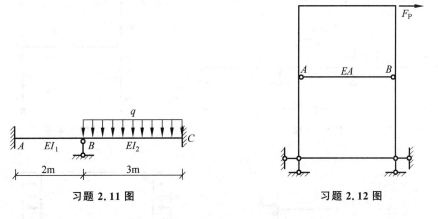

习题 2.11 图　　　　　　习题 2.12 图

三、试确定习题 3.1 图～习题 3.6 图所示结构的超静定次数。

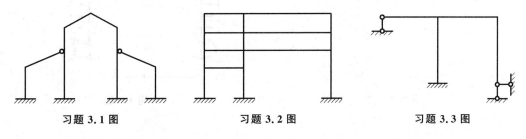

习题 3.1 图　　　　习题 3.2 图　　　　习题 3.3 图

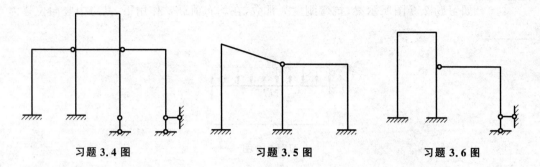

习题 3.4 图   习题 3.5 图   习题 3.6 图

四、计算题

用力法求解习题 4.1～习题 4.10 图所示各结构,并绘制其弯矩图。

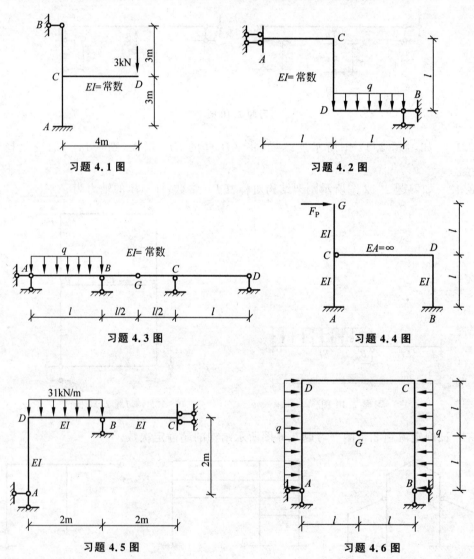

习题 4.1 图   习题 4.2 图

习题 4.3 图   习题 4.4 图

习题 4.5 图   习题 4.6 图

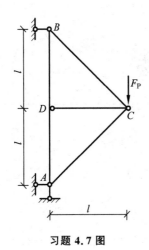

习题 4.7 图

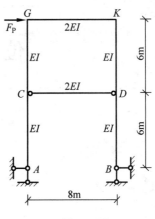

习题 4.8 图

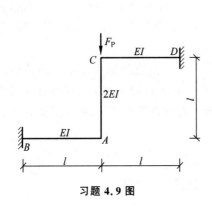

习题 4.9 图

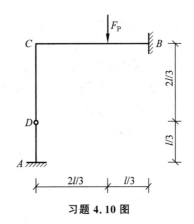

习题 4.10 图

第 5 章习题参考答案

第6章

位 移 法

6.1 概述

位移法是求解超静定问题的又一个经典解法。杆件结构是将各单根杆件在端点处结合起来(固结、铰结等),而各结点的位移一旦确定,此时结构中所有杆件都会有一个确定的杆端位移值。又知道每根杆件的内力分布与其位移之间存在着确定的对应关系,所以,在结构分析时,根据位移与内力之间对应的函数关系,利用结点位移给出该处各杆端位移,之后由各杆端位移表达杆件的变形,据此求出杆件的内力分布。

杆件的任一点在平面上的移动称为线位移,杆件任一垂直于轴线的截面的转动称为角位移。图 6-1 中示出杆件在变形过程中的端点位移。变形过程中假定:忽略各受弯杆件的轴向变形(即轴线的伸长或缩短可忽略),忽略刚架中各杆件轴向变形,刚结点处各杆相对角度保持不变。

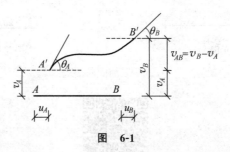

图 6-1

如图 6-2 所示结构体系的结点位移确定后,体系中所有的杆件将具有一个确定的杆端位移值。

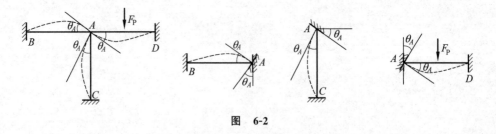

图 6-2

用结点位移表示杆端位移后就完成了结构的离散化,离散后的每根杆件由于杆端位移和荷载与在整体结构中的状态完全相同,所以各杆件的受力与变形也与离散前

（原结构中）完全等效,故将原结构的受力分析放在各离散的单元中进行,这就是位移法思想。

　　显然,在位移法分析中,先选取某些结点位移作为基本未知量,由此表示出各杆件的杆端位移,进行离散化;再确定各杆件杆端内力与其位移的关系（数学表达式）,即单元分析。之后求解这些数学表达式（联立方程组）进行整体分析,即建立位移法基本方程。从图 6-2 可看到,能求出三根单杆的解,就可以求出原问题的解答。下面先利用力法求解一些基本的单杆问题。

6.2　等截面直杆的转角位移方程

6.2.1　杆端内力和位移的正负号规定

　　规定杆端弯矩相对杆端来说,顺时针方向为正,逆时针方向为负;作用在结点上的外荷力矩,其正负号规定与此相同,对结点或支座来说,则刚好相反;杆端剪力和轴力正负号规定与前相同。在刚结点上,离散后的各杆端转角对应于刚结点的角位移,以顺时针方向为正,逆时针方向为负;杆端相对线位移以杆的一端相对于另一端产生顺时针方向转动的线位移为正,否则为负,如图 6-3 所示。

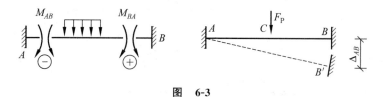

图　6-3

6.2.2　一般等截面直杆单元的转角位移方程

　　从前述可知,位移法是求解各离散单元之后,就可求得原问题的解;另外,杆件上的荷载能引起杆端内力,杆端的位移也会引起其端部的内力,所以,以下将考虑一些典型的直杆单元问题来求出一些基本解答,便于位移法求解应用。

　　图 6-4 中两图表示的是相同的一个杆件单元,只不过一个是杆端有约束,而另一个是将约束用端部内力代替（在力法求解中这样做过）。

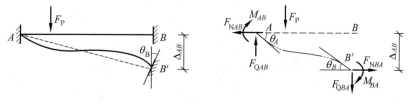

图　6-4

　　由杆端单元位移（角位移和线位移）引起杆端内力被称为形常数,这一常数用线刚度 i （$i = EI/l$）来表示。显然杆端的位移和由其引起的杆端内力关系可用形常数表示。由荷载引起的杆端内力被称为载常数,载常数中的杆端弯矩和剪力被称为固端弯矩(M_{AB}^{F},M_{BA}^{F})和固端剪力($F_{\mathrm{Q}AB}^{\mathrm{F}}$,$F_{\mathrm{Q}BA}^{\mathrm{F}}$)。下面用力法求出一般等截面直杆在几种常见约束和荷载作用下的形常数和载常数。

如图 6-5 所示一两端固定的等截面梁,已知杆端的位移为:A 端转角为 θ_A,B 端转角为 θ_B,A、B 两支座在垂直于杆轴方向的相对线位移为 Δ_{AB}(AB 杆在水平和竖直方向的平行移动,均不引起 AB 杆的内力,故只考虑 Δ_{AB}),现利用力法求出该梁的杆端力 M_{AB}、M_{BA}、$F_{\mathrm{Q}AB}$ 和 $F_{\mathrm{Q}BA}$。

对该问题用力法求解,取基本体系如图 6-5 所示,忽略轴力对弯矩的影响,同时不计轴向变形,所以,B 点水平支座反力可取为 0。建立力法典型方程(A、B 两点处转角的协调方程):

$$\delta_{11}X_1 + \delta_{12}X_2 + \Delta_{1\Delta} = \theta_A$$
$$\delta_{21}X_1 + \delta_{22}X_2 + \Delta_{2\Delta} = \theta_B$$

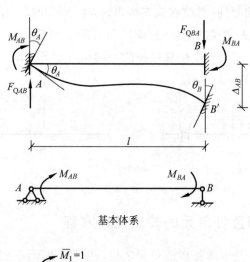

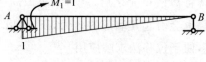

基本体系

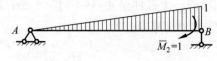

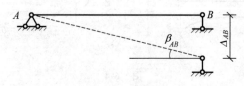

图　6-5

其物理意义为：X_1 和 X_2 为待求的 M_{AB} 和 M_{BA}（多余未知力），$\Delta_{1\Delta}$ 和 $\Delta_{2\Delta}$ 为 A、B 两点在垂直方向上的相对位移引起的转角，θ_A 和 θ_B 为考虑协调时在 A、B 两点的杆端截面转角。

系数用图乘法求得（$\overline{M}_1$ 和 $\overline{M}_2$ 见图 6-5）：

$$\delta_{11} = \frac{1}{EI} \times \left(\frac{l}{2} \times \frac{2}{3} \right) = \frac{l}{3EI}$$

$$\delta_{22} = \frac{1}{EI} \times \left(\frac{l}{2} \times \frac{2}{3} \right) = \frac{l}{3EI}$$

$$\delta_{12} = \delta_{21} = -\frac{1}{EI} \times \left(\frac{l}{2} \times \frac{1}{3} \right) = -\frac{l}{6EI}$$

支座移动产生的角度 β_{AB} 为微小量，故可近似为

$$\beta_{AB} = \tan\beta_{AB} = \frac{\Delta_{AB}}{l}$$

按物理意义有

$$\Delta_{1\Delta} = \Delta_{2\Delta} = \frac{\Delta_{AB}}{l}$$

将以上求得的系数和自由项代入力法典型方程式并求得（X_1 为 M_{AB}，X_2 为 M_{BA}）：

$$M_{AB} = 2i \left(2\theta_A + \theta_B - 3\frac{\Delta_{AB}}{l} \right)$$

$$M_{BA} = 2i \left(2\theta_B + \theta_A - 3\frac{\Delta_{AB}}{l} \right)$$

由平衡条件求 A、B 两点的杆端剪力，对 B 点和 A 点分别取矩显然有：

$$\sum M_A = 0 \qquad M_{AB} + M_{BA} + F_{QBA} \cdot l = 0$$

$$\sum M_B = 0 \qquad M_{AB} + M_{BA} + F_{QAB} \cdot l = 0$$

故得

$$F_{QAB} = F_{QBA} = -\frac{1}{l}(M_{AB} + M_{BA}) = -\frac{6i}{l}\left(\theta_A + \theta_B - \frac{2\Delta_{AB}}{l} \right)$$

类似地，还可求得一端固定另一端单链杆铰支及一端固定另一端定向支承单元在其 θ_A、θ_B 及 Δ_{AB} 作用下的杆端弯矩（M_{AB} 和 M_{BA}）和杆端剪力（F_{QAB} 和 F_{QBA}）。

由某一杆端单位位移量引起的杆端内力称为形常数，且引入杆件线刚度（$i = EI/l$）来表示。还可通过形常数描述杆件截面内力与杆端位移之间对应的转换关系。

两端不同约束情况下，杆件受荷载（温度变形也包括在内）作用也可用力法求出其两端的内力 M_{AB}、M_{BA}、F_{QAB} 及 F_{QBA}，它们的正负号规定与前述相同。求载常数的问题在力法中已讲述（当时未用载常数这个名词，荷载引起杆端内力就是载常数），此处不再赘述。

形常数和载常数在位移法的计算中常用到，所以将其归纳到表 6.1 中。

表 6-1 一般等截面杆件的形常数和载常数

类别		计算简图及变形图	弯矩图	杆端弯矩		杆端剪力	
				M_{AB}	M_{BA}	F_{QAB}	F_{QBA}
两端固定杆件	形常数			$4i$	$2i$	$-\dfrac{6i}{l}$	$-\dfrac{6i}{l}$
				$-\dfrac{6i}{l}$	$-\dfrac{6i}{l}$	$\dfrac{12i}{l^2}$	$\dfrac{12i}{l^2}$
	载常数			$-\dfrac{F_P l}{8}$	$\dfrac{F_P l}{8}$	$\dfrac{F_P}{2}$	$-\dfrac{F_P}{2}$
				$-\dfrac{ql^2}{12}$	$\dfrac{ql^2}{12}$	$\dfrac{ql}{2}$	$-\dfrac{ql}{2}$
一端固定另一端铰支杆件	形常数			$3i$	0	$-\dfrac{3i}{l}$	$-\dfrac{3i}{l}$
				$-\dfrac{3i}{l}$	0	$\dfrac{3i}{l^2}$	$\dfrac{3i}{l^2}$
	载常数			$-\dfrac{3}{16}F_P l$	0	$\dfrac{11}{16}F_P$	$-\dfrac{5}{16}F_P$
				$-\dfrac{ql^2}{8}$	0	$\dfrac{5}{8}ql$	$-\dfrac{3}{8}ql$
				$\dfrac{M}{2}$	M	$-\dfrac{3}{2l}M$	$-\dfrac{3}{2l}M$

续表

类别		计算简图及变形图	弯矩图	杆端弯矩		杆端剪力	
				M_{AB}	M_{BA}	F_{QAB}	F_{QBA}
一端固定另一端定向支承杆件	形常数			i	$-i$	0	0
				$-i$	i	0	0
	载常数			$-\dfrac{F_P l}{2}$	$-\dfrac{F_P l}{2}$	F_P	$F_{QB}^{左}=F_P$ $F_{QB}^{右}=0$
				$-\dfrac{ql^2}{3}$	$-\dfrac{ql^2}{6}$	ql	0

6.3 位移法的基本概念

6.3.1 位移法的基本未知量

位移法的基本未知量选取结构中各结点的独立角位移和独立线位移,因为只要知道了杆件端部的位移(角位移和线位移)则杆件的内力分布就是确定的。基本未知量的数目为独立角位移和独立线位移之和。

(1)结点角位移被选作基本未知量的点有:①结构内部的刚结点;②阶梯形杆截面改变处;③抗转动弹性支座的转角。固定支座的转角为零,即为已知,铰结点因其转角不独立,所以此二类不选作基本未知量。例如图 6-6 所示结构,可选结点 B(杆件 AB 和 BC 的刚

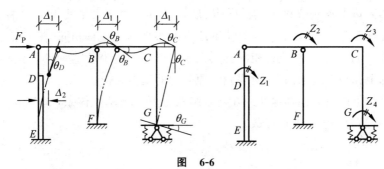

图 6-6

结点)、结点 C、杆件截面改变处 D(不同刚度 AD 杆和 DE 杆的刚结点)、抗转动弹性支座 G,4 处各有一个独立角位移(用 ⤸ 表示)。

(2)结点线位移由分析观察确定。分析线位移时涉及一根杆件的伸缩问题,仍引用受弯杆件两端距离不变的假定。结构中每一个结点在平面上只具有一个线位移(任意方向),也可分解到平面内相互垂直的两个方向,就成为两个线位移(一般为坐标下的 x 方向和 y 方向),筛选其中独立的未知线位移。线位移未知量的筛选原则为:①刚性支座线位移为零(为已知量);②同一条直线上的若干个结点线位移相同时,只记其中一个;③定向支承杆端力已知,对应的线位移不独立。分析图 6-7 中的线位移,该结构共有 6 个结点(包括支承点),每个结点 2 个线位移(两个相互垂直方向),则共有 12 个线位移。由约束性质看,线位移 Z_1、Z_2、Z_9、Z_{10}、Z_{11} 及 Z_{12} 为零。由于轴向伸缩可忽略,Z_4、Z_6、Z_8 与 Z_2 相同均为零,Z_7 和 Z_{11} 相同亦为零(竖杆的伸缩可忽略)。因此该结构可选作独立线位移的只剩 Z_3 和 Z_5(标示 $EA \neq \infty$,表示伸缩量不可忽略,Z_3 应为挠度引起)。

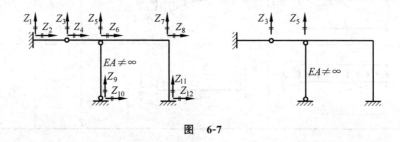

图 6-7

6.3.2 位移法的基本结构和基本体系

位移法中用结点的位移描述结构的变形,而这个求解过程中以每根杆件的杆端位移与内力的关系来考虑杆端结点处的平衡。为将每根杆件作为一个单元进行分析,须将其端部加以约束,即在结构体系中各结点附加一些约束来控制结点的位移。已知结点的位移有两类,即角位移和线位移,相应地附加约束也分成两类,即附加刚臂(用"⤸"符号)和附加支杆(用"⊸⊢"符号),在原结构的结点上加上附加约束后的结构模型称为位移法计算的基本结构。

对图 6-8 所示的结构进行分析给出其基本结构。先考查角位移,A、B 两点的角位移已知(为零),C 点、E 点、G 点三点应有角位移(分别记为 Z_1、Z_2、Z_3);D 点、F 点和 H 点铰结不选角位移。再考查线位移,C 点、D 点、E 点三点在同一水平线上,AC 杆、BE 杆、CD 杆及 DE 杆无轴向伸缩,所以 C 点、D 点和 E 点的水平向线位移相同(在 E 点记为 Z_4),同理,F 点、G 点和 H 点的水平位移相同(记为 Z_5),D 点可能有垂直向的线位移(记为 Z_6),在这些点上加上相应的附加约束,就得到了原问题的基本结构。

若将原结构上的荷载同样地作用在基本结构上就成为基本体系,基本体系应与原结构完全等效(包括静力等效和变形等效)。

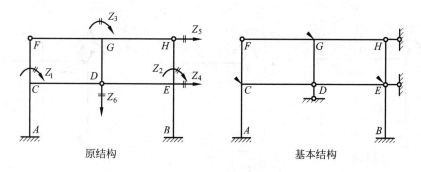

图 6-8

6.3.3 位移法的基本原理

位移法的求解也是从基本体系出发,基本体系的变形和受力应与原结构完全相同。从基本体系出发拆开各杆件逐一分析,再搭接起来得出其求解的方程,这里仍利用了协调条件和平衡条件。先从最简单情形开始分析,求解只有一个角位移和只有一个线位移的问题。如图 6-9 所示结构,给出其基本结构和基本体系。

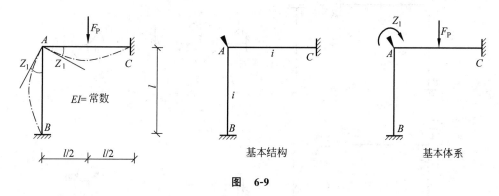

图 6-9

由于 AB 杆和 AC 杆均为受弯杆件,不计轴向伸缩,所以,A 点无线位移,只有角位移。当 A 点附加刚臂的转角与原结构中 A 点转角相同时(变形协调),原结构与基本体系的变形及内力均应完全相同。

求解基本体系的问题,利用叠加原理,基本体系的变形状态可由荷载和角位移 Z_1(附加刚臂转动)分别作用在基本结构上的这两个独立受力状态下的变形结果的叠加而得。因此,可将问题转化为图 6-10 所示的问题。

这里,F_1 表示 A 点的转动力矩;F_{11} 表示附加刚臂转动时引起的力矩;F_{1P} 表示在 F_P 作用下 A 点的转动力矩。根据原问题在 A 点的平衡条件可知(原问题 A 点并无外荷载力矩):

$$F_1 = F_{11} + F_{1P} = 0 \tag{6-1}$$

现引入形常数来解此问题,由于形常数是单位位移量引起的,可将其记为 k,那么 F_{11} 就可用 $k_{11}Z_1$ 来表示,k_{11} 就是 $Z_1 = 1$ 时引起的力矩值。此时式(6-1)成为

$$F_1 = k_{11}Z_1 + F_{1P} = 0 \tag{6-2}$$

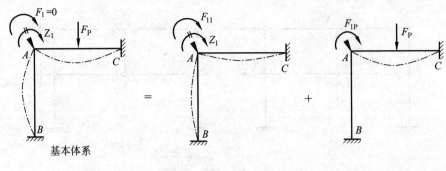

图 6-10

这个方程就是求解基本未知量 Z_1 的位移法基本方程,它的物理意义就是,在 A 点由附加刚臂转动 Z_1 引起的力矩和由荷载 F_{1P} 在 A 点(此时转动量为零,即不转动)引起的力矩之和为零(与原问题 A 点处无力矩作用等效)。求出系数 k_{11} 和 F_{1P}。按这两种情况将其分解拆分情况绘于图 6-11。

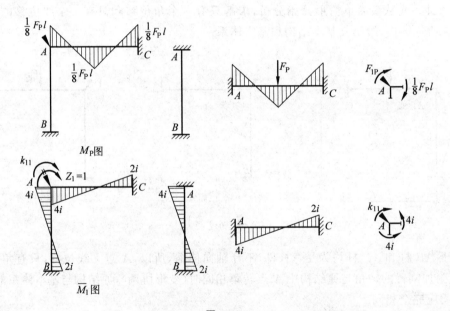

图 6-11

两端固定的梁,中点受集中荷载作用,杆中弯矩的分布可在载常数表中查到;两端固定的梁,其在一端有转角时引起杆中弯矩的分布可在形常数表中查到。

由图 6-11 中两种情形下 A 点的平衡可求出:

$$k_{11} = 8i \qquad F_{1P} = -\frac{1}{8}F_P l \tag{6-3}$$

故该问题的基本方程(具体形式)为

$$8iZ_1 - \frac{1}{8}F_P l = 0 \tag{6-4}$$

解得:

$$Z_1 = \frac{l}{64i} F_{\mathrm{P}} l$$

最终的弯矩图可叠加求出：$M = \overline{M}_1 Z_1 + M_{\mathrm{P}}$（图 6-12）。

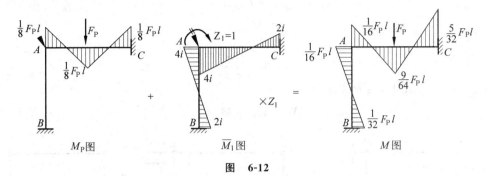

图 6-12

这是只有一个结点角位移的例子，下面再看只有一个线位移的问题。图 6-13 所示一铰接排架，结构中各杆无伸缩变形，故只有 C、D 两点的水平位移且相等。

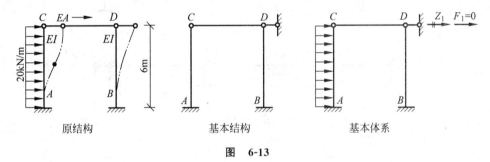

图 6-13

选这一线位移基本未知量为 Z_1。对应于有线位移的情况加约束支杆，图 6-13 中给出基本结构和基本体系。

由于原结构中在 D 点并不存在水平方向力，所以必有 $F_1 = 0$。原问题可分为只有 Z_1 引起的内力和变形与只有外荷载引起的内力和变形的叠加。在只有 Z_1 位移时，D 点的水平向力为 F_{11}（由 $Z_1 = 1$ 引起的水平力为 k_{11}），则与原结构对比，可知必有

$$k_{11} Z_1 + F_{1\mathrm{P}} = 0 \tag{6-5}$$

这一方程表达了，在 D 点由 Z_1 引起的水平力 $k_{11} Z_1$ 和由外荷载引起的水平力 $F_{1\mathrm{P}}$ 的和为零，与原结构在 D 点无水平力这一事实相符。也即此方程就是 D 点水平方向力的平衡方程。

为求得系数 k_{11} 和 $F_{1\mathrm{P}}$，在基本结构上绘出 M_{P} 图和 $\overline{M}_1$ 图，并利用载常数和形常数表，计算 AC 杆在 C 点的剪力和 BD 杆在 D 点的剪力，求出 k_{11} 和 $F_{1\mathrm{P}}$。

图 6-14 中在 $F_{1\mathrm{P}}$ 作用下的水平向力可查载常数表得：

$$F_{\mathrm{Q}CA} = -\frac{3}{8} ql = -45\mathrm{kN} \qquad F_{\mathrm{Q}DB} = 0$$

水平向有 $Z_1 = 1$ 线位移时，通过形常数表可知：

$$F_{\mathrm{Q}CA} = \frac{3i}{l^2} = \frac{EI}{72} \qquad F_{\mathrm{Q}DB} = \frac{3i}{l^2} = \frac{EI}{72}$$

所以

$$F_{1P} = F_{QCA} + F_{QDB} = -45\text{kN}$$

$$k_{11} = F_{QCA} + F_{QDB} = \frac{EI}{36}$$

至此,由方程(6-5)可解得:

$$Z_1 = \frac{1620}{EI}$$

结构的最终弯矩图可由叠加求得,即

$$M = M_P + \overline{M}_1 Z_1$$

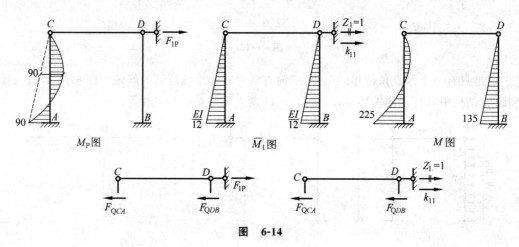

图 **6-14**

6.4 位移法的典型方程

前面分别以一个基本未知量来建立两个结构问题各自的位移法基本方程,下面以一个刚架结构为例说明在一般情况下如何建立超静定结构位移法的典型方程。

图 6-15 所示刚架各杆抗弯刚度为 EI,选取基本未知量为 B 点转角 Z_1,C 点的水平向线位移 Z_2(B 点的线位移亦为 Z_2,这是因为 BC 杆可忽略轴向伸缩)。由此给出基本结构和基本体系,见图 6-15。

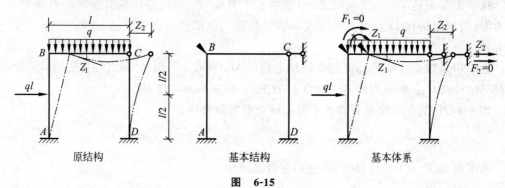

图 **6-15**

现在需要建立求解 Z_1 和 Z_2 的两个位移法基本方程。考虑 B 点的力矩平衡和 BC 杆在 C 点处水平向力的平衡。用前面已熟悉的叠加方法，分别考虑基本体系在荷载作用下和 Z_1、Z_2 单独作用下的情形。B 点附加刚臂的力矩应包括荷载作用时的 F_{1P}、Z_1 引起的 F_{11} 和 Z_2 引起的 F_{12}，这几个力矩代数和为零（原结构此处力矩为零）。同理，引起相应于 Z_2 的附加支杆的反力分别为 F_{21}、F_{12} 及 F_{2P}，其代数和也应为零（原结构此处水平向力为零）。由此得该问题的基本方程为

$$F_1 = F_{11} + F_{12} + F_{1P} = 0$$
$$F_2 = F_{21} + F_{22} + F_{2P} = 0$$

(6-6)

式中，F_{ij} 的第一个下标表示该反力或反力矩所属的附加约束，第二个下标表示引起该反力或反力矩的因素。

又设单位位移 $Z_1 = 1$ 和 $Z_2 = 1$ 单独作用时，在基本结构附加刚臂和附加支杆上引起的反力矩和反力分别为 k_{11}、k_{12} 和 k_{21}、k_{22}，则基本方程变为

$$k_{11}Z_1 + k_{12}Z_2 + F_{1P} = 0$$
$$k_{21}Z_1 + k_{22}Z_2 + F_{2P} = 0$$

(6-7)

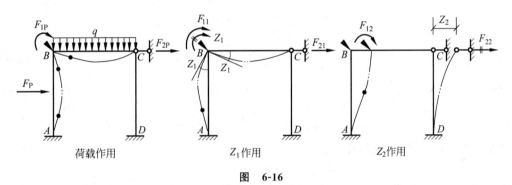

图　6-16

上式就是位移法的典型方程，它表示方程中的 Z_i 为基本未知量，k_{ij} 为系数，F_{iP} 为自由项。其物理意义是两个约束处的反力矩为零和反力为零，实质上反映了原结构在 B、C 点处的静力平衡条件。

求出典型方程中的系数和自由项。利用形常数和载常数表，绘出基本结构在荷载及 $Z_1 = 1$、$Z_2 = 1$ 单独作用下的 M_P 图、$\overline{M}_1$ 图和 $\overline{M}_2$ 图（图 6-17）。

在图 6-17 中考虑 B 点的力矩平衡和 BC 杆的水平向力平衡，分别由 M_P 图、$\overline{M}_1$ 图和 $\overline{M}_2$ 图求得：

$$F_{1P} = 0 \qquad F_{2P} = -\frac{1}{2}ql$$

$$k_{11} = 7i \qquad k_{12} = -\frac{6i}{l}$$

$$k_{21} = -\frac{6i}{l} \qquad k_{22} = \frac{15i}{l^2}$$

将各系数及自由项代入方程(6-7)得：

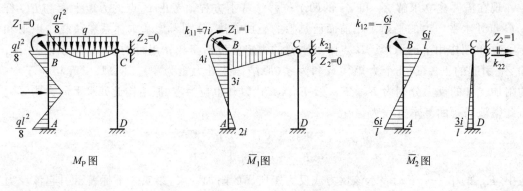

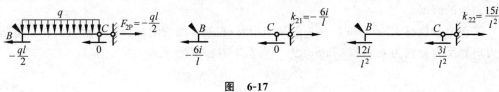

图 6-17

$$7iZ_1 - \frac{6i}{l}Z_2 + 0 = 0$$

$$-\frac{6i}{l}Z_1 + \frac{15i}{l^2}Z_2 - \frac{ql}{2} = 0 \tag{6-8}$$

由方程(6-8)解出：

$$Z_1 = \frac{6}{138i}ql^2 \qquad Z_2 = \frac{7}{138i}ql^3$$

最终弯矩图可用叠加法求得，即

$$M = M_P + \overline{M}_1 Z_1 + \overline{M}_2 Z_2$$

根据以上的分析和计算工作，可归纳出一般情形位移法求解的过程。对于有几个独立结点位移的结构，选好相应的附加约束，得到基本体系，考虑基本体系中每个附加约束处的附加力矩或附加力都应为零的平衡条件，就可得到以下方程组：

$$\begin{cases} k_{11}Z_1 + k_{12}Z_2 + \cdots + k_{1n}Z_n + F_{1P} = 0 \\ k_{21}Z_1 + k_{22}Z_2 + \cdots + k_{2n}Z_n + F_{2P} = 0 \\ \vdots \\ k_{n1}Z_1 + k_{n2}Z_2 + \cdots + k_{nn}Z_n + F_{nP} = 0 \end{cases}$$

上式即位移法典型方程的一般形式。其中 k_{ii} 称为主系数，其他 $k_{ij}(i \neq j)$ 称为副系数，F_{iP} 称为自由项。

系数和自由项的正负号：以与该附加约束所设位移方向相同为正，相反为负。主系数的方向总是与其所设位移方向相同，故恒为正且不为零。根据互等定理可知 $k_{ij} = k_{ji}$。

6.5 位移法求解举例

首先，归纳一下利用位移法求解问题的步骤：

(1) 确定基本未知量(附加约束)的数目。

（2）确定基本体系,有角位移处附加刚臂,有线位移处附加支杆(注:可忽略杆轴线伸缩变形的杆件,两端点沿轴向的线位移相等,可减少附加支杆数),由此形成基本结构;使基本结构受原结构的荷载,并使各附加约束有与原结构相同的位移,则得到对应的基本体系。

（3）建立典型方程,这其实是一系列的平衡条件(有力的平衡和力矩的平衡)。

（4）求出系数和自由项,在基本结构上分别作只有荷载作用和各附加约束发生单位位移时的弯矩图 M_P 和 $\overline{M}_i$,再由结点平衡和截面平衡求得系数和自由项。

（5）作最终内力图,利用叠加法,$M = M_P + \sum \overline{M}_i Z_i$,根据弯矩图作出剪力图,利用剪力图根据结点平衡条件作出轴力图。

例 6-1　用位移法求作如图 6-18 所示连续梁的弯矩图。各杆 EI 为常数。

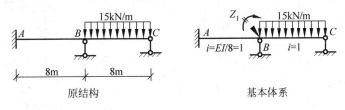

图　**6-18**

解:（1）确定基本未知量

B 点为刚结点应加一附加刚臂,即该结构有一个未知量。

（2）确定基本体系(图 6-18)

约束情况为:AB 杆为两端固定,BC 杆为 B 端固定,C 点与链杆铰接。

（3）建立典型方程

$$k_{11}Z_1 + F_{1P} = 0$$

其物理意义为:在 B 点由 Z_1 转动引起的力矩 $k_{11}Z_1$,由荷载引起的力矩为 F_{1P},而无外力矩,在 B 点力矩的平衡方程即典型方程。

（4）求系数和自由项

在基本体系上分别作只有荷载(此时 B 点无转角,即 $Z_1 = 0$)和只有 $Z_1 = 1$ 作用无荷载作用的弯矩图 M_P 和 $\overline{M}_1$。

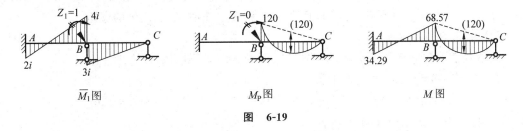

图　**6-19**

分别在 M_P 图和 $\overline{M}_1$ 图中取 B 点为隔离体,由此点的力矩平衡可得:

$$k_{11} = 7i \qquad F_{1P} = -120$$

（5）求解基本未知量 Z_1

将 F_{1P} 和 k_{11} 代入典型方程得:

$$7iZ_1 - 120 = 0$$

求得：

$$Z_1 = \frac{120}{7i}$$

（6）作出最终弯矩图

利用叠加原理 $M = M_P + \overline{M}_1 Z_1$ 作出最终弯矩图。

例 6-2 用位移法求作如图 6-20 所示刚架结构的弯矩图。各杆 EI 为常数。

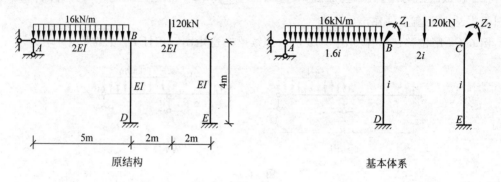

图 **6-20**

解：（1）确定基本未知量

经分析只需在 B、C 两点（均为刚结点）加两个附加刚臂 Z_1、Z_2，本题中无结点线位移。

（2）确定基本体系（图 6-20）

AB 杆为一端铰接一端固定，BC、BD 及 CE 各杆均为两端固定情形。

（3）建立典型方程

对于 B、C 两点处由力矩平衡得：

$$k_{11}Z_1 + k_{12}Z_2 + F_{1P} = 0$$
$$k_{21}Z_1 + k_{22}Z_2 + F_{2P} = 0$$

方程中各项的意义是：F_{1P} 和 F_{2P} 分别为在荷载作用时，B 点和 C 点不转动（$Z_1 = 0$、$Z_2 = 0$）情况下所产生的弯矩；k_{11} 为无荷载作用，$Z_1 = 1$ 和 $Z_2 = 0$ 时，B 点的弯矩；k_{12} 为无荷载作用，且 $Z_1 = 0$ 和 $Z_2 = 1$ 时 B 点产生的弯矩；k_{21} 则为无荷载作用，且 $Z_1 = 1$ 和 $Z_2 = 0$ 时，C 点产生的弯矩；k_{22} 为无荷载作用，且 $Z_1 = 0$ 和 $Z_2 = 1$ 时，C 点产生的弯矩。

（4）求系数和自由项

借助载常数和形常数表绘制 M_P 图、$\overline{M}_1$ 图和 $\overline{M}_2$ 图（图 6-21）。

由 M_P 图，考虑 B、C 两点的平衡得：

$$F_{1P} = (50 - 60)\text{kN} \cdot \text{m} = -10\text{kN} \cdot \text{m} \qquad F_{2P} = 60\text{kN} \cdot \text{m}$$

由 $\overline{M}_1$ 图，考虑 B、C 两点的平衡得：

$$k_{11} = 4.8i + 4i + 8i = 16.8i \qquad k_{21} = 4i$$

由 $\overline{M}_2$ 图，考虑 B、C 两点的平衡得：

$$k_{12} = 4i \qquad k_{22} = 8i + 4i = 12i$$

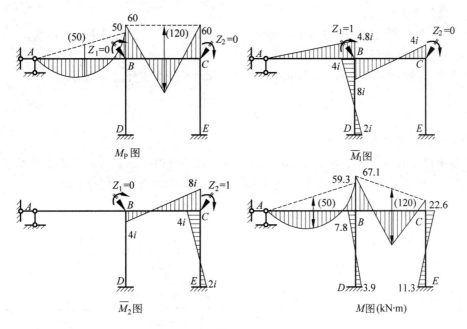

图　6-21

（5）解典型方程求基本未知量

将上述各系数和自由项值代入典型方程，求出：

$$Z_1 = 1.94\frac{1}{i} \qquad Z_2 = -5.65\frac{1}{i}$$

（6）作最终弯矩图

利用叠加原理求最终弯矩，即

$$M = M_P + \overline{M}_1 Z_1 + \overline{M}_2 Z_2$$

本例题中这种无侧向线位移的刚架称为无侧移刚架。

例 6-3　用位移法求作如图 6-22 所示结构的弯矩图，各杆 EI 为常数。

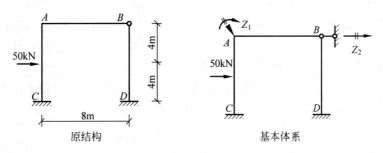

图　6-22

解：（1）确定基本未知量

经分析，独立的结点位移有 A 点（刚结点）转角 Z_1，结点 A 和结点 B 有相同的线位移 Z_2（水平方向）。

（2）确定基本体系

按（1）中的分析，应在 A 点加附加刚臂，在 B 点加一水平支杆，给出基本体系。

（3）建立典型方程

考虑 A 点的弯矩平衡和 AB 杆水平向力的平衡（或所加支杆的力），得：

$$k_{11}Z_1 + k_{12}Z_2 + F_{1P} = 0$$
$$k_{21}Z_1 + k_{22}Z_2 + F_{2P} = 0$$

（4）求系数和自由项

由基本体系作 M_P 图、$\overline{M}_1$ 图和 $\overline{M}_2$ 图，按各系数及自由项的意义求出各系数及自由项的值。显然，由各图中 A 点的力矩平衡及 AB 杆水平方向力的平衡可得：

$$k_{11} = 7i \qquad k_{12} = -\frac{3}{4}i \qquad F_{1P} = 50$$

$$k_{21} = -\frac{3}{4}i \qquad k_{22} = \frac{15}{64}i \qquad F_{2P} = -25$$

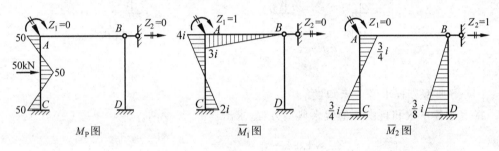

图 6-23

（5）求解基本未知量

将以上系数和自由项代入典型方程，解出：

$$Z_1 = \frac{3600}{552}\frac{l}{i} \qquad Z_2 = \frac{70400}{552}\frac{l}{i}$$

（6）求出内力

可利用叠加原理求出弯矩，$M = M_P + \overline{M}_1 Z_1 + \overline{M}_2 Z_2$。作出弯矩图后，按每根杆端部在轴向和垂直轴线方向的平衡，求出每根杆的剪力及轴力。以 AB 杆为例，将图 6-23 中 3 种情形叠加可得（对于 $\overline{M}_1$ 图和 $\overline{M}_2$ 图须分别乘以 Z_1 和 Z_2），即可求 AB 杆的轴力。若考虑 AC 杆和 BD 杆的 A、B 两端点的轴力，则可求出 AB 杆两端点的剪力。类似的做法在 6.4 节图 6-17 中讲解过，将这些结果绘于图 6-24 中。

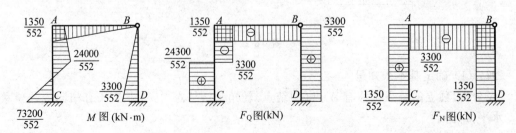

图 6-24

此问题为有侧移的刚架,它与前题中无侧移刚架问题不同之处是,它有结点线位移,这需要作一定分析,因各结点的线位移不一定独立,如本题中 A 点和 B 点的水平线位移相同,而这两点均无竖向线位移。

例 6-4　用位移法求作如图 6-25 所示结构(等高排架)的弯矩图。

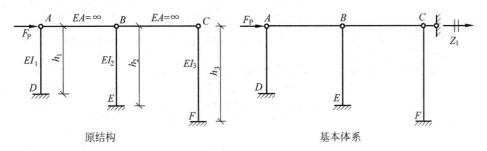

图　6-25

解:(1)确定基本未知量

由图示结构可看出 3 根竖杆无竖向(轴向)伸缩,2 根水平杆亦无轴向伸缩,故 A、B、C 三点只有水平向线位移,选作 Z_1 为基本未知量。

(2)选取基本结构作出基本体系(图 6-25)。

(3)建立典型方程

一个基本未知量只建立一个方程,即

$$k_{11}Z_1 + F_{1P} = 0$$

该方程的物理意义应是水平杆 AB 和 BC 的水平向力的平衡。

(4)求系数和自由项

由基本体系作出 M_P 图和 $\bar{M}_1$ 图(图 6-26)。$\bar{M}_1$ 图中各杆杆端力由形常数表可查得。考虑截面平衡条件 $\sum F_x = 0$(x 方向为 A、B、C 三点所在的水平方向),求得系数和自由项。

$$k_{11} = \frac{3EI_1}{h_1^3} + \frac{3EI_2}{h_2^3} + \frac{3EI_3}{h_3^3}$$

$$F_{1P} = -F_P$$

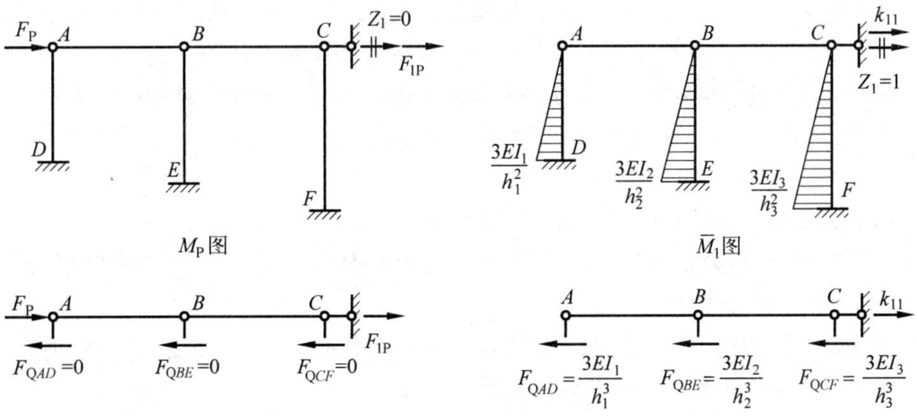

M_P 图

$\bar{M}_1$ 图

图　6-26

（5）解典型方程

将系数和自由项代入典型方程，可求得：

$$Z_1 = -\frac{F_{1P}}{k_{11}} = \frac{F_P}{\sum\limits_{1}^{3}\dfrac{3EI_i}{h_i^3}}$$

记 $\gamma_i = \dfrac{3EI_i}{h_i^3}$，为排架柱的侧移刚度系数，显然，$h_i$ 越大侧位移刚度系数越小。同时由图中看出第 i 根排架柱顶发生单位位移时，该柱顶剪力为

$$F_{Qi} = \gamma_i Z_1 = \eta_i F_P \qquad \left(\eta_i = \frac{\gamma_i}{\sum \gamma_i}, i = 1,2,3\right)$$

式中，η_i 称作第 i 根柱的剪力分配系数。显然，$\sum \eta_i = 1$。该式表明将侧向力 F_P 按 η_i 的大小分配给各柱。η_i 大则分配的多，η_i 小就分配的少。

（6）作最终弯矩图（图 6-27）

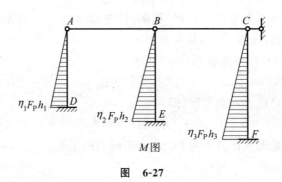

图 6-27

按叠加原理得：

$$M = M_P + \overline{M}_1 Z_1$$

对此种等高排架结构弯矩图的求解，先计算剪力分配系数 η_i，由此计算出各柱顶剪力 $F_{Qi} = \eta_i F_P$，再按悬臂柱绘制每根柱的弯矩图即可。

对刚架结构采用位移法求解还是较为方便的，与力法相比，它能减少基本未知量，从而减少计算工作量。刚架结构有奇数跨也有偶数跨，其上作用的荷载有对称荷载也有反对称荷载。在大多数情形下一般荷载也可分解为对称荷载和反对称荷载。

在对称荷载作用下，变形对称，内力中弯矩和轴力对称，剪力反对称；在反对称荷载作用下，变形反对称，内力中弯矩和轴力反对称，剪力对称。利用这些规律，可对如下的问题做半结构处理，减少计算工作量。

（1）奇数跨刚架上作用对称荷载和反对称荷载

如图 6-28（对称荷载情形）所示，在对称轴上的截面 C 处无转角和水平位移，但有竖向位移，故采用竖向滑动支承。

如图 6-29（反对称荷载情形）所示，在对称轴上的截面 C 处应无竖向位移，但有水平位移和转角，故 C 点可简化为竖向单链杆支承。

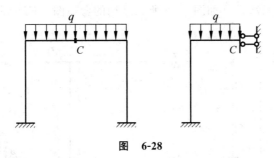

图　6-28

（2）偶数跨刚架上作用对称荷载和反对称荷载

如图 6-30（对称荷载情形）所示，在对称轴上的截面 C 处无水平位移和转角，中柱无弯矩和剪力；忽略中柱的轴向伸缩，故 C 点可采用固定支座来简化问题。

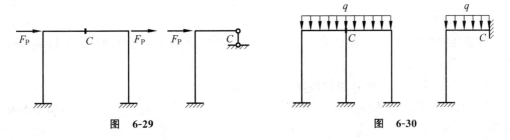

图　6-29　　　　　　　　　　　　图　6-30

如图 6-31（反对称荷载情形）所示，在对称轴上截面 C 处，中柱无轴向位移和轴力，中柱上有弯矩和弯曲变形。可将中柱假想分成两根，其抗弯刚度为原柱的 1/2。中柱的总内力应为简化模型的 2 倍。实际上中柱应只有弯矩和剪力，轴力为零（因为原结构中该轴力是对称力，如果作为两个半结构来计算的话，应该一正一负而抵消）。

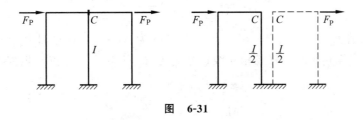

图　6-31

6.6　直接利用平衡条件建立位移法典型方程

前述位移法中，通过选取基本未知量增设附加约束，借助基本结构，得到位移法的典型方程，求作结构的内力图，其实质是每个典型方程反映一个平衡条件。由此，根据位移法的基本原理，借助于杆件的转角位移方程，再考虑各杆在结构中各结点处的协调关系，先将各杆"拆散"后再"组装"起来的做法，直接由原结构的结点和截面平衡条件来建立位移法的典型方程，这就是将要介绍的直接平衡法。

例 6-5 用直接平衡法求作如图 6-32 所示结构的弯矩图。$EI=$常数。

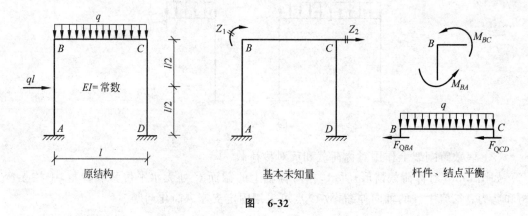

图 6-32

解:(1)选取基本未知量

显然,结构中只有 B 点的转动 Z_1 和 B、C 两点的水平位移 Z_2(这两点水平位移相同)。

(2)将结构"拆散"

求解各杆端位移,并由转角位移方程写出杆端内力。

BA 杆约束情况为两端固定,位移状况为 $\theta_A=0,\theta_B=Z_1,\Delta_B=Z_2$,根据形常数和载常数表有($i=EI/l$):

$$M_{AB}=2iZ_1-6i\frac{Z_2}{l}-\frac{ql^2}{8}$$

$$M_{BA}=4iZ_1-6i\frac{Z_2}{l}+\frac{ql^2}{8}$$

$$F_{QBA}=-\frac{6iZ_2}{l}+\frac{12iZ_2}{l^2}-\frac{ql}{2}$$

BC 杆约束情况为一端固定一端铰支,位移状况为 $\Delta_B=Z_2$,这里因 B 点和 C 点水平位移相同,故该两点无相对线位移或相对线位移为零(C 点相对于 B 点),根据形常数和载常数表有:

$$M_{BC}=3iZ_1-\frac{ql^2}{8}$$

$$M_{CB}=0$$

CD 杆约束情况为一端固定一端铰支,位移状况为 $\theta_D=0,\Delta_C=Z_2$,根据形常数和载常数表有:

$$M_{CD}=0$$

$$M_{DC}=-\frac{3i}{l}Z_2$$

$$F_{QCD}=\frac{3i}{l^2}Z_2$$

(3)"组装"结构

考虑 B 点组装起来的力矩平衡和 BC 杆两端组装起来的水平向力平衡得:

$$M_{BC} + M_{BA} = 0$$
$$F_{QBA} + F_{QCD} = 0$$

即

$$7iZ_1 - \frac{6i}{l}Z_2 = 0$$

$$-\frac{6i}{l}Z_1 + \frac{15i}{l^2}Z_2 - \frac{ql}{2} = 0$$

（4）解方程，求出基本未知量

$$Z_1 = \frac{6}{138i}ql^2 \qquad Z_2 = \frac{7}{138i}ql^3$$

（5）求出杆端弯矩

在第（2）步中已写出各杆端内力，现将 Z_1 及 Z_2 的值代入，即可求得各杆端弯矩值，即

$$M_{AB} = -\frac{63}{184}ql^2$$

$$M_{BA} = -\frac{1}{184}ql^2$$

$$M_{BC} = \frac{1}{184}ql^2$$

$$M_{DC} = -\frac{28}{184}ql^2$$

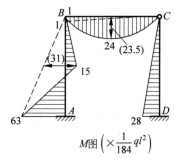

M 图 $\left(\times\frac{1}{184}ql^2\right)$

图 6-33

（6）作最终弯矩图

根据各杆受力及端部弯矩值，可得最终弯矩图（图 6-33）。

（7）校核

各个结点满足力矩平衡，各根杆件满足力平衡。这与图 6-15 的结果是相同的，只是同样的问题不同的解法。

例 6-6 用直接平衡法求作图 6-34 所示结构的弯矩图。

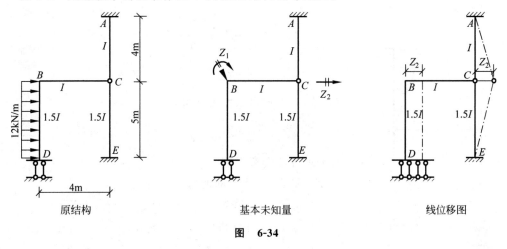

原结构   基本未知量   线位移图

图 6-34

解：（1）选取基本未知量

基本未知量为 B 点（刚结点）转角 Z_1 和 C 点（铰结点）水平线位移 Z_2。

对只有线位移时结构上各杆端位移影响的分析。由线位移图分析可知，当 C 点有水平线

位移 Z_2 时，$\Delta_{CA} = -Z_2$，$\Delta_{CE} = Z_2$（这是按前述规定的正负号，Z_2 引起 AC 杆逆时针转动）。

（2）"拆散"结构

由转角位移方程，查形常数和载常数表，得到各杆端部弯矩值（注意各杆端弯矩的转向及不同的 I 值）：

$$M_{BD} = \frac{3EI}{10}Z_1 + 100 \qquad M_{DB} = -\frac{3EI}{10}Z_1 + 50$$

$$M_{BC} = \frac{3EI}{4}Z_1 \qquad\qquad M_{CB} = 0$$

$$M_{EC} = -\frac{9EI}{50}Z_2 \qquad\qquad M_{CE} = 0$$

$$M_{AC} = \frac{3EI}{16}Z_2 \qquad\qquad M_{CA} = 0$$

（3）"组装"结构

考虑 B 点（刚结点）的力矩平衡和 BC 杆轴向（水平向）力的平衡，如图 6-35 所示，列平衡方程：

$$M_{BC} + M_{BD} = 0$$

$$F_{QBD} + F_{QCE} - F_{QCA} = 0$$

其中，剪力可由前述求解杆端剪力的方程求出：

$$F_{QBD} = -\frac{M_{BD} + M_{DB}}{5} + F_{QBD}^0 = -60\text{kN}$$

$$F_{QCE} = -\frac{M_{CE} + M_{EC}}{5} + F_{QCE}^0 = \frac{9EI}{250}Z_2$$

$$F_{QCA} = -\frac{M_{CA} + M_{AC}}{4} + F_{QCA}^0 = -\frac{3EI}{64}Z_2$$

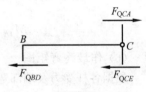

平衡图

图 6-35

因此，基本方程为

$$\frac{3EI}{4}Z_1 + \frac{3EI}{10}Z_1 + 100 = 0$$

$$\frac{9EI}{250}Z_2 + \frac{3EI}{64}Z_2 - 60 = 0$$

（4）解方程求出基本未知量

$$Z_1 = -95.24\frac{1}{EI} \qquad Z_2 = 723.98\frac{1}{EI}$$

（5）求各杆端弯矩值

将 Z_1 和 Z_2 代入前面的弯矩表达式得：

$$M_{BD} = 71.43\text{kN} \cdot \text{m} \qquad M_{DB} = 78.57\text{kN} \cdot \text{m}$$

$$M_{BC} = -71.43\text{kN} \cdot \text{m} \qquad M_{CB} = 0$$

$$M_{EC} = -130.32\text{kN} \cdot \text{m} \qquad M_{CE} = 0$$

$$M_{AC} = 135.75\text{kN} \cdot \text{m} \qquad M_{CA} = 0$$

（6）由各杆端弯矩和其上荷载作出各杆弯矩图（图 6-36）。

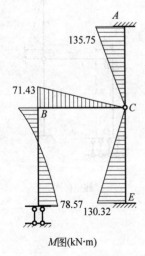

M图(kN·m)

图 6-36

（7）校核（略）。

位移法小结

1. 位移法是计算超静定结构的又一经典方法。请注意该法也可用于静定结构的分析计算。该方法在求解高次的超静定问题时有较大的优势。

2. 位移法的基本未知量是结构中某些结点的位移,包括刚结点的角位移和独立的结点线位移。基本未知量个数与超静定次数不一定相等。

3. 在位移法中,求解基本未知量的典型方程是平衡条件。每个未知角位移可以写出一个结点力矩平衡方程,每个独立结点线位移可以写出一个截面平衡方程,平衡方程的数目与基本未知量的数目正好相等。

4. 注意位移法中位移和杆端力正负号的相关规定,特别是杆端弯矩的正负号规定。杆端转角对应于结点的角位移以顺时针为正,反之为负;杆端相对线位移以杆的一端相对于另一端产生顺时针方向转动的线位移为正,反之为负。由表查出形常数和载常数之值时,要对照表中和计算结构时的正负号。

5. 位移法求解步骤。

① 确定基本未知量（Z_i）,这需要对结构进行变形分析,尤其线位移。

② 确定基本体系,在角位移处附加刚臂,在线位移处附加支杆,形成基本结构,使基本结构承受原来的荷载,从而形成一个在结点位移和荷载共同作用下与原结构变形相同的受力模型,即为基本体系。

③ 建立典型方程,根据附加约束上反力矩或反力的平衡条件可建立典型方程,位移法的典型方程就是平衡条件（平衡方程）。

④ 求典型方程中的系数和自由项。在基本结构上分别作出各附加约束发生单位位移时的弯矩图（$\overline{M}_i$）和荷载作用下的荷载弯矩（M_P）图,再由结点和截面平衡即可求得典型方程中的系数和自由项（k_{ij} 和 F_{iP}）。

⑤ 解方程求得基本未知量。

⑥ 作出内力图,M 图用叠加法作出,即 $M = \overline{M}_1 Z_1 + \overline{M}_2 Z_2 + \cdots + \overline{M}_n Z_n + M_P$,由弯矩图作出剪力图,由剪力图根据结点平衡条件作出轴力图。

⑦ 校核,只需按平衡条件校核,因为位移法求解工作在其基本体系上完成,变形协调条件自然满足。

6. 直接平衡法。它是以杆件的转角位移方程为基础直接写出平衡方程的方法,其原理与由基本体系写出典型方程的方法一致。

习题

一、判断题（对的打"√",错的打"×"）

1.1　位移法基本未知量的个数与结构超静定次数无关。（　　　）

1.2　位移法可用于求解静定结构的内力。（　　　）

1.3　位移法只能用于求解连续梁和刚架,不能用于求解桁架。（　　　）

1.4　在位移法中计算结点位移时必须采用刚度的绝对值。(　　)

1.5　用半刚架法计算结构时要求结构只具有几何对称性即可。(　　)

1.6　建立位移法基本方程的途径只有一个。(　　)

1.7　在位移法中杆件的挠度不影响结点的线位移。(　　)

1.8　求解位移法基本方程后,结构中每个结点的转角值就可以求得。(　　)

1.9　当给出结构的弯矩图后,其中刚结点处的转角是可以直接计算出来的。(　　)

1.10　位移法中增加附加刚臂和附加支杆的目的就是将结构的变形控制住。(　　)

二、确定习题 2.1 图～习题 2.4 图两种情况时结构的基本未知量,并绘出基本结构。

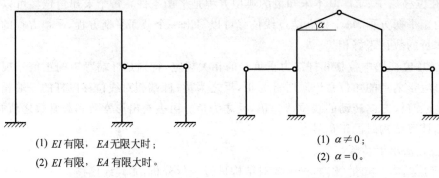

(1) EI 有限, EA 无限大时;

(2) EI 有限, EA 有限大时。

习题 2.1 图

(1) $\alpha \neq 0$;

(2) $\alpha = 0$。

习题 2.2 图

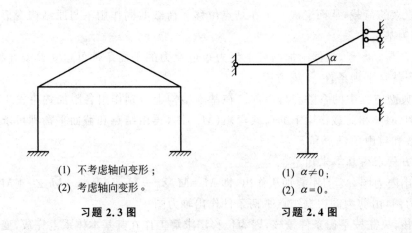

(1) 不考虑轴向变形;

(2) 考虑轴向变形。

习题 2.3 图

(1) $\alpha \neq 0$;

(2) $\alpha = 0$。

习题 2.4 图

三、计算题

3.1　用位移法计算习题 3.1 图所示连续梁,并作弯矩图和剪力图。各杆 EI 为常数。

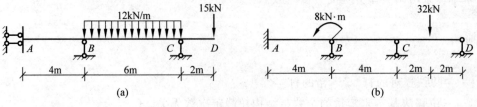

(a)

(b)

习题 3.1 图

3.2　用位移法计算习题3.2图所示结构,并作弯矩图。各杆 EI 为常数。

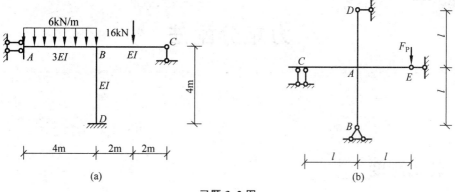

习题 **3.2** 图

3.3　用位移法计算习题3.3图所示结构,并作弯矩图。各杆 EI 为常数。

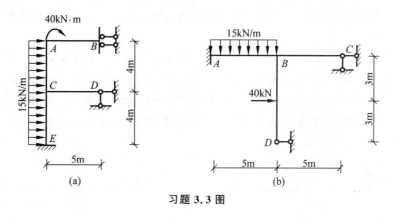

习题 **3.3** 图

3.4　利用对称性计算习题3.4图所示结构,并作弯矩图。各杆 EI 为常数。

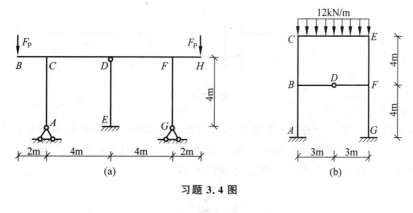

习题 **3.4** 图

第6章习题参考答案

第7章

力矩分配法

7.1 转动刚度

转动刚度是结构抵抗转动变形的能力。结构的转动刚度难以定量。先从其中的杆件着手考虑。若一杆件在一端受某种约束而另一端截面发生单位转角(弯曲导致的),此时在截面转动单位转角端所加的杆端力矩称为杆端转动刚度,也就是说将杆端截面弯曲转动单位转角所需的力矩。

对于不同约束的杆件其杆端转动刚度的大小取决于两方面的因素:其一是与杆件自身的线刚度有关,其二是与杆端约束模式有关。转动刚度用 S_{AB} 表示,S 的下标代表杆件的两个端点,前一字母代表近端,后一字母代表远端。借助形常数表可以很容易得到等截面直杆在各种约束模式下的杆端转动刚度(杆件的线刚度为 $i = EI/l$),如图 7-1 所示的几种结构:

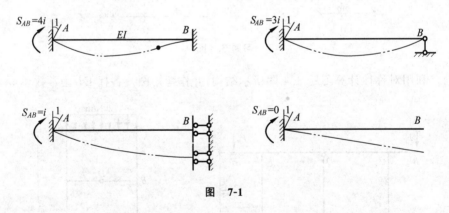

图 7-1

如果多根杆件汇交于一点(经常会遇到),且在该点刚结,令该点发生单位转角时,需在此点施加的力矩称为该结点转动刚度。由于此时该点汇集的各根杆都要转动,那么该点的结点转动刚度与各杆在此点的转动刚度之间应有如下关系:

$$S_A = \sum_{j=1}^{n} S_{Aj}$$

其中,S_A 为结点转动刚度(此点为 A 点);S_{Aj} 为汇交于 A 点各杆在 A 端的转动刚度。

例 7-1　求图 7-2 中 A 点的结点转动刚度。

解：按定义应有：

$$S_A = S_{AB} + S_{AC} + S_{AD}$$

而查形常数表得：

$$S_{AB} = 3i \qquad S_{AC} = 4i \qquad S_{AD} = i$$

所以

$$S_A = 3i + 4i + i = 8i$$

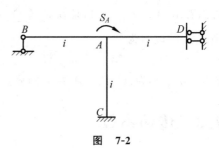

图　7-2

7.2　分配系数

前面讲述了杆端转动刚度和结点转动刚度,现在可以利用结点处力矩平衡条件得到汇集于该刚结点处各杆端截面弯矩与转动刚度之间的关系。以下举例说明。

图 7-3 所示结构为无线位移的单刚结点结构,在结点 A 处作用力矩 M_A,此时应产生的结点转角为 Z_1,根据结点转动刚度的定义,应有：

$$M_A = M_{AB} + M_{AC} + M_{AD} = S_{AB}Z_1 + S_{AC}Z_1 + S_{AD}Z_1 = S_A Z_1 \tag{7-1}$$

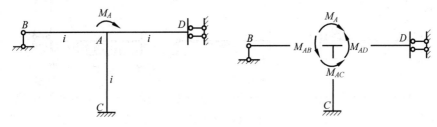

图　7-3

查形常数表可得 S_{AB}、S_{AC} 及 S_{AD},故可求得 A 点转角为

$$Z_1 = \frac{M_A}{S_A} \tag{7-2}$$

式(7-2)既考虑了 A 点处力矩平衡($M_A = M_{AB} + M_{AC} + M_{AD}$),也考虑了协调条件($S_A = S_{AB} + S_{AC} + S_{AD}$)。各杆件在其 A 端的转角与此处刚结点的角位移应相等,同为 Z_1。因此有：

$$M_{AB} = S_{AB}Z_1 = S_{AB}\frac{M_A}{S_A} = M_A\frac{S_{AB}}{S_A}$$

$$M_{AC} = M_A\frac{S_{AC}}{S_A} \tag{7-3}$$

$$M_{AD} = M_A\frac{S_{AD}}{S_A}$$

由上式看到：作用在刚结点 A 处的外力矩是按汇集于此点各杆端转动刚度占结点刚度的比例来进行分配的。

若定义所有汇交于结点 A 的各杆端的分配系数为

$$\mu_{Aj} = \frac{S_{Aj}}{S_A} \quad (j = B, C, D) \tag{7-4}$$

可以看出，$0 \leqslant \mu_{Aj} \leqslant 1$，且在 A 点 $\sum \mu_{Aj}=1$。

则式(7-3)改写为

$$M_{AB}=\mu_{AB}M_A \qquad M_{AC}=\mu_{AC}M_A \qquad M_{AD}=\mu_{AD}M_A$$

式中，M_{Aj} 称为 Aj 杆在 A 端处的分配力矩。

7.3 传递系数

当某一刚结点转动时，该点汇集的各杆杆端承受的力矩是不同的，与其远端的约束有关，按此以分配系数来分配各杆所承担的力矩值。为表示刚结点处角位移（转动）对杆件其他截面内力和变形的影响，下面将引入传递系数。

按位移法形常数的概念，当某杆的两端约束给定，结点角位移对应处的杆端发生转角时，由平衡和协调条件可决定其内力分布。下面分析图 7-4 所示三种基本约束的情形。

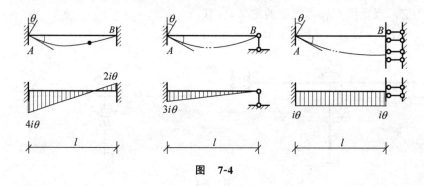

图 7-4

以角位移发生端为近端（上图中的固定端，即刚结点 A 处），则杆件远端弯矩与近端弯矩之间的关系为

$$M_{jA}=C_{Aj}M_{Aj} \tag{7-5}$$

式中，M_{jA} 为远端弯矩，M_{Aj} 为近端弯矩；C_{Aj} 为杆件的传递系数（从 A 点传到 j 点）。M_{Aj} 为 A 点处 Aj 杆的分配力矩。从图 7-4 中可看到：

远端固定支承时　　　　　　　　　　$C_{Aj}=0.5$

远端铰支座支承时　　　　　　　　　$C_{Aj}=0$ 　　　　　　　　(7-6)

远端定向支承时　　　　　　　　　　$C_{Aj}=-1$

7.4 单结点结构的力矩分配

现利用转动刚度、分配系数及传递系数概念，对单结点结构进行内力分析。

例 7-2　用力矩分配法绘制如图 7-5 所示结构的弯矩图。

解：(1) 计算 A 点各杆转动刚度

该结构只有一个刚结点（A 点），以 A 点为各杆（AB、AC、AD）的近端，B 点、C 点、D 点为各杆远端。按转动刚度的定义给出各杆端转动刚度：

$$S_{AB}=3i \qquad S_{AC}=4i \qquad S_{AD}=i$$

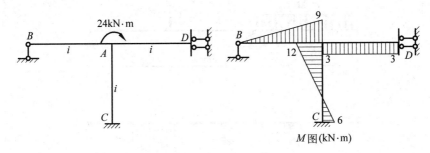

图 7-5

由此得总刚度:
$$S_A = S_{AB} + S_{AC} + S_{AD} = 3i + 4i + i = 8i$$

(2) A 点力矩分配

在 A 点处将外荷载力矩分配给各杆近端:

$$M_{AB} = \mu_{AB}M_A = \frac{S_{AB}}{S_A}M_A = \frac{3i}{8i} \times 24 = 9\text{kN} \cdot \text{m}$$

$$M_{AC} = \mu_{AC}M_A = \frac{S_{AC}}{S_A}M_A = \frac{4i}{8i} \times 24 = 12\text{kN} \cdot \text{m}$$

$$M_{AD} = \mu_{AD}M_A = \frac{S_{AD}}{S_A}M_A = \frac{i}{8i} \times 24 = 3\text{kN} \cdot \text{m}$$

(3) A 点各杆由近端向远端的力矩传递

根据传递系数的定义及式(7-6)可知:

$$M_{BA} = C_{AB}M_{AB} = 0 \times 9 = 0$$
$$M_{CA} = C_{AC}M_{AC} = 0.5 \times 12\text{kN} \cdot \text{m} = 6\text{kN} \cdot \text{m}$$
$$M_{DA} = C_{AD}M_{AD} = -1 \times 3\text{kN} \cdot \text{m} = -3\text{kN} \cdot \text{m}$$

(4) 绘制弯矩图

各杆杆端弯矩已求得,且各杆中间无荷载,其弯矩分布应为直线,故可直接绘出该结构的弯矩图(图 7-5)。

此结构只受结点力矩作用,是一极简情形,可作为简单典型进行概念说明。下面给出一个具有非结点荷载作用的结构求解问题。

例 7-3 用力矩分配法求作图 7-6 所示连续梁的弯矩图。EI 为常数。

解: (1) 计算各杆转动刚度(B 点为刚结点)

BA 杆(远端固定) $\quad S_{BA} = 4i = 4\dfrac{EI}{4} = EI$

BD 杆(远端铰接) $\quad S_{BD} = 3i = 3\dfrac{EI}{6} = \dfrac{1}{2}EI$

结点 B 的转动刚度 $\quad S_B = S_{BA} + S_{BD} = \dfrac{3}{2}EI$

(2) B 点分配系数

$$\mu_{BA} = \frac{S_{BA}}{S_B} = \frac{2}{3} \qquad \mu_{BD} = \frac{S_{BD}}{S_B} = \frac{1}{3}$$

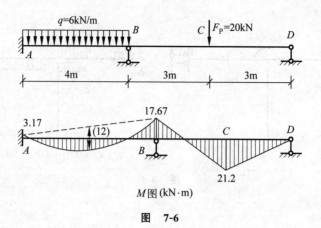

图 7-6

（3）B 点弯矩的计算

设想 B 点有一刚臂将其固定（不能转动），这一刚臂提供的力矩就是交汇于此各杆端弯矩代数和的负值（因为杆端弯矩为内力，而此点刚臂的力矩为外荷载）。B 点杆端弯矩可查载常数表得到。

$$M_{BA}^F = \left(\frac{1}{12} \times 6 \times 4^2\right) kN \cdot m = 8kN \cdot m$$

（两端固定，梁区间受均布荷载作用）

$$M_{AB}^F = \left(-\frac{1}{12} \times 6 \times 4^2\right) kN \cdot m = -8kN \cdot m$$

$$M_{BD}^F = \left(-\frac{3}{16} \times 20 \times 6\right) kN \cdot m = -22.5kN \cdot m (B\ 端固定\ D\ 端铰支梁，中点受集中荷载作用)$$

$$M_{DB}^F = 0$$

（4）计算 B 点不平衡力矩

按位移法对杆端弯矩正负号的规定，在 B 点求出不平衡力矩，如图 7-6 所示。

$$M_B = \sum M_{Bj}^F = M_{BA}^F + M_{BD}^F = -14.5kN \cdot m$$

B 点的待分配力矩为

$$-M_B = 14.5kN \cdot m$$

（5）B 点处力矩向此点各杆杆端分配

$$M_{BA} = \mu_{AB}M_B = \frac{2}{3} \times 14.5kN \cdot m = 9.67kN \cdot m$$

$$M_{BD} = \mu_{BD}M_B = \frac{1}{3} \times 14.5kN \cdot m = 4.83kN \cdot m$$

（6）B 点处各杆远端的传递力矩

AB 杆的 A 点（固定）

$$M_{AB} = C_{BA}M_{BA} = 0.5 \times 9.67kN \cdot m = 4.83kN \cdot m$$

BD 杆的 D 点（铰支）

$$M_{DB} = C_{BD}M_{BD} = 0 \times 4.83kN \cdot m = 0$$

（7）绘制弯矩图

各杆端总弯矩为固端弯矩 M^F 与分配力矩 M^μ 的叠加。

在 AB 杆的 B 端

$$M^F + M^\mu = (8 + 9.67)\text{kN} \cdot \text{m} = 17.67\text{kN} \cdot \text{m}$$

在 BD 杆的 B 端

$$M^F + M^\mu = (-22.5 + 4.83)\text{kN} \cdot \text{m} = -17.67\text{kN} \cdot \text{m}$$

计算 A 点的弯矩

M^F 应由载常数表查得

$$M^F = -\frac{ql^2}{12} = \left(-\frac{1}{12} \times 6 \times 4^2\right)\text{kN} \cdot \text{m} = -8\text{kN} \cdot \text{m}$$

M^μ 应为其 B 端弯矩向 A 端的传递值

$$M^\mu = 0.5 \times 9.67\text{kN} \cdot \text{m} = 4.84\text{kN} \cdot \text{m}$$

故 A 点杆端弯矩为

$$M^F + M^\mu = (-8 + 4.84)\text{kN} \cdot \text{m} = -3.17\text{kN} \cdot \text{m}$$

AB 梁段弯矩的求法是，取出 AB 梁段作为隔离体，其上作用的荷载有 $M_{AB} = -3.17\text{kN} \cdot \text{m}, M_{BA} = 17.67\text{kN} \cdot \text{m}$，中间作用均布荷载 $q = 6\text{kN/m}$。考虑隔离体的平衡求出 $F_{QAB} = 8.375\text{kN}, F_{QBA} = -15.625\text{kN}$。若以 A 点为原点，A 到 B 为 x 方向，则 AB 段梁的弯矩表达式为

$$M(x) = -x^2 + 8.375x - 3.17$$

由此绘制出 AB 段弯矩图。BD 段同样做法，不再赘述。

对此类解法归纳如下：

(1) 计算刚结点处各杆的转动刚度及分配系数；

(2) 设刚结点处有一刚臂，由此查载常数表得到该刚结点处各杆的端点弯矩值，称为固端弯矩；

(3) 考查结点处的力矩平衡，求出该点刚臂所受力矩，即不平衡力矩；

(4) 将不平衡力矩看作作用在结点处的外力矩，在此点向各杆端分配并向各杆的远端传递（传递系数按式(7-4)取值）；

(5) 各杆端点弯矩即为固端弯矩与分配力矩（近端）或传递力矩（远端）的叠加；

(6) 由此绘出结构各杆的弯矩图。

例 7-4 用力矩分配法求作图 7-7 所示刚架的弯矩图。EI 为常数。

解：这一结构有两处悬臂段（AB、EF），而这两段是静定的（视为悬臂梁），该区间的弯矩图可绘出（F_Q 和 F_N 也可求出），将悬臂根部的内力当作外力作用于 B、F 两点，得到简化结构，如图 7-7 所示，现在来求解这一简化结构的内力。

(1) 计算 B 点处各杆转动刚度

BC 杆

$$S_{BC} = 4i = 4 \times \frac{EI}{4} = EI$$

BE 杆

$$S_{BE} = 3i = 3 \times \frac{2EI}{6} = EI$$

B 点处总转动刚度

$$S_B = S_{BC} + S_{BE} = 2EI$$

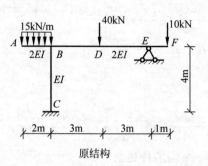

原结构

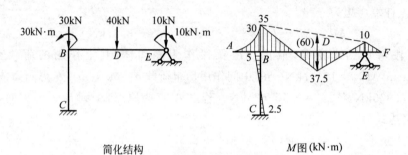

简化结构　　　　　　　　　　　M图(kN·m)

图　7-7

（2）计算 B 点处各杆分配系数

$$\mu_{BC} = \frac{S_{BC}}{S_B} = 0.5 \qquad \mu_{BE} = \frac{S_{BE}}{S_B} = 0.5$$

（3）计算固端弯矩

查载常数表可知：

$$M_{BE}^{F} = \left(-\frac{3}{16} \times 40 \times 6 + \frac{10}{2}\right) \text{kN} \cdot \text{m} = -40 \text{kN} \cdot \text{m}$$

$$M_{EB}^{F} = 10 \text{kN} \cdot \text{m}$$

$$M_{BC}^{F} = 0$$

M_{BE}^{F} 和 M_{EB}^{F} 是在一端（B 点）固定、一端（E 点）铰支梁上，中点作用集中力，铰支端作用力矩的情况下计算得到的。

（4）计算不平衡力矩

$$\begin{aligned}
M_B &= \sum M_{Bj} - M_O \\
&= (M_{BE} + M_{BC}) - M_O \\
&= [(-40+0) - (-30)] \text{kN} \cdot \text{m} \\
&= -10 \text{kN} \cdot \text{m}
\end{aligned}$$

式中，M_O 为在 B 点作用的外力矩。

（5）B 点处各杆端力矩分配（分配力矩时，不平衡力矩以负值考虑）

$$M_{BC} = 0.5 \times 10 \text{kN} \cdot \text{m} = 5 \text{kN} \cdot \text{m}$$

$$M_{BE} = 0.5 \times 10 \text{kN} \cdot \text{m} = 5 \text{kN} \cdot \text{m}$$

（6）向远端的传递力矩

$$M_{CB} = 0.5 \times 5 \text{kN} \cdot \text{m} = 2.5 \text{kN} \cdot \text{m}$$

$$M_{EB} = 0 \times 5 \text{kN} \cdot \text{m} = 0$$

（7）B、C、E 三点最终弯矩

由 M^F 和 M^μ 的叠加得到：

$$M_{BE} = (-40 + 5) \text{kN} \cdot \text{m} = -35 \text{kN} \cdot \text{m}$$

$$M_{BC} = (0 + 5) \text{kN} \cdot \text{m} = 5 \text{kN} \cdot \text{m}$$

$$M_{BA} = 30 \text{kN} \cdot \text{m} \quad （静力计算得到）$$

$$M_{CB} = (0 + 2.5) \text{kN} \cdot \text{m} = 2.5 \text{kN} \cdot \text{m}$$

$$M_{EB} = (10 + 0) \text{kN} \cdot \text{m} = 10 \text{kN} \cdot \text{m}$$

$$M_{EF} = -10 \text{kN} \cdot \text{m} \quad （静力计算得到）$$

由此绘制该结构的弯矩图，如图 7-7 所示。

通过前面几道例题可见，单结点无线位移的问题，仅通过简单代数运算即可求解，一般的求解步骤为：①计算结点处各杆的转动刚度，并求出各杆的分配系数；②增设刚臂，将刚结点视为固定端，按分配系数计算各杆固端弯矩；③计算不平衡力矩，并将其反号后进行分配并传递；④计算各杆最终杆端弯矩（固端弯矩叠加分配弯矩），绘出结构弯矩图。

7.5 多结点结构的力矩分配

有了前面的基础，可以将力矩分配法用于多结点无线位移的结构，只需依次反复对各结点使用单结点的方法，就可逐次渐进地求出各杆的杆端弯矩。即首先在各结点增设刚臂，求出各刚结点处各杆端分配系数及各杆的固端弯矩；从不平衡力矩绝对值较大点开始，逐次轮流分配、传递，在其他各刚结点刚臂约束下，对目标结点使用单结点的分配方法进行计算，直到所有结点上附加刚臂上的残留不平衡力矩足够小为止；将按以上步骤计算所得杆端的对应杆端弯矩（固端弯矩、分配力矩及传递力矩）叠加，即得最终杆端弯矩。

对各结点反复循环这些步骤，总能达到最终的平衡状态，一般来说循环两三次后即可达到较好的精度。

例 7-5 用力矩分配法求作图 7-8 所示连续梁的弯矩图。EI 为常数。

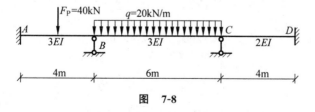

图 7-8

解：（1）计算刚结点处（B 点和 C 点）各杆转动刚度

B 结点处：

BA 杆

$$S_{BA} = 4i_{BA} = 4 \times \frac{3EI}{4} = 3EI$$

BC 杆

$$S_{BC}=4i_{BC}=4\times\frac{3EI}{6}=2EI$$

B 点总转动刚度

$$S_B=S_{BA}+S_{BC}=3EI+2EI=5EI$$

C 结点处：

CB 杆

$$S_{CB}=4i_{CB}=4\times\frac{3EI}{6}=2EI$$

CD 杆

$$S_{CD}=4i_{CD}=4\times\frac{2EI}{4}=2EI$$

C 点总转动刚度

$$S_C=S_{CB}+S_{CD}=2EI+2EI=4EI$$

（2）计算各结点处分配系数

结点 B 处：

$$\mu_{BA}=\frac{S_{BA}}{S_B}=0.6\qquad\mu_{BC}=\frac{S_{BC}}{S_B}=0.4$$

结点 C 处：

$$\mu_{CB}=\frac{S_{CB}}{S_C}=0.5\qquad\mu_{CD}=\frac{S_{CD}}{S_C}=0.5$$

（3）计算固端弯矩（在 B、C 两点有刚臂时，由载常数表查得）

AB 杆

$$M_{AB}^{F}=-\frac{F_P l}{8}=\left[-\frac{1}{8}\times(40\times4)\right]kN\cdot m=-20kN\cdot m$$

$$M_{BA}^{F}=\frac{F_P l}{8}=\left[\frac{1}{8}\times(40\times4)\right]kN\cdot m=20kN\cdot m$$

BC 杆

$$M_{BC}^{F}=-\frac{ql^2}{12}=\left[-\frac{1}{12}\times(20\times6^2)\right]kN\cdot m=-60kN\cdot m$$

$$M_{CB}^{F}=\frac{ql^2}{12}=\left[\frac{1}{12}\times(20\times6^2)\right]kN\cdot m=60kN\cdot m$$

（4）计算不平衡力矩（刚臂约束下）

B 点

$$M_B=M_{BA}^{F}+M_{BC}^{F}=(20-60)kN\cdot m=-40kN\cdot m$$

C 点

$$M_C=M_{CB}^{F}=60kN\cdot m$$

（5）进行力矩分配与传递计算，B 点向 A 点和 C 点的传递系数均为 0.5，C 点向 B 点和 D 点的传递系数亦均为 0.5。

计算过程以表格示出清晰一些。

	A	B		C		D
分配系数及传递系数	0.5	0.6	0.4	0.5	0.5	0.5
固端弯矩	−20	20	−60	60		0
第一次　结点C分配并传递			−15	−30	−30	−15
第一次　结点B分配并传递	16.5	33	22	11		
第二次　结点C分配并传递			−2.75	−5.5	−5.5	−2.75
第二次　结点B分配并传递	0.825	1.65	1.1	0.55		
第三次　结点C分配并传递			−0.138	−0.275	−0.275	−0.138
第三次　结点B分配并传递	0.042	0.083	0.055			
最终杆端弯矩	−2.633	54.733	−54.733	35.775	−35.775	−17.888

对上表中分配、传递过程略作说明。在表上同时标出各点分配系数，比如 B 点两杆的分配系数为 0.6 和 0.4，而各点向其远端的传递系数标于箭头线上均为 0.5。先在 B、C 两点增设刚臂，计算出固端弯矩：A 点为 $M_{AB}^{F}=-20\text{kN}\cdot\text{m}$，$B$ 点有两个值，分别为 $M_{BA}^{F}=20\text{kN}\cdot\text{m}$（左边）、$M_{BC}^{F}=-60\text{kN}\cdot\text{m}$（右边），$C$ 点也有两个固端弯矩，分别为 $M_{CB}^{F}=60\text{kN}\cdot\text{m}$（左边）、$M_{CD}^{F}=0$（右边），这些值列于固端弯矩一行各相应位置。

第一次分配、传递的做法：先去除 C 点刚臂（C 点处不平衡力矩绝对值大），此时 C 点左边的弯矩 60kN·m 由左右两边端点承担（因为分配系数各为 0.5），且成为负值（与刚臂约束力矩相反），即 C 点左右边各为 −30kN·m。再传递，传到 B 点为 −15kN·m（因传递系数为 0.5），传到 D 点为 −15kN·m（传递系数为 0.5）；C 点加刚臂不动。接着去除 B 点刚臂，B 点处此时的弯矩为 $(20-60-15)\text{kN}\cdot\text{m}=-55\text{kN}\cdot\text{m}$，分配到左右两端点，左为 33kN·m，右为 22kN·m（因为分配系数左为 0.6，右为 0.4，且当刚臂去除后杆端承受弯矩与刚臂约束弯矩值相差一负号），再向两端传递，传递 A 点为 16.5kN·m（传递系数为 0.5），传递到 C 点为 11kN·m（传递系数为 0.5）。这为一次分配传递，此时，B、C 两点仍设刚臂约束，而各点左、右端不平衡，依照上述再做第二次分配传递，直至每点处杆端力矩平衡为止（差值足够小即可）。本题中共进行三次分配传递，B、C 两点即达到了左右端平衡。此时，将各点杆端弯矩加起来即为该杆端弯矩。

（6）绘制弯矩图（图 7-9）。

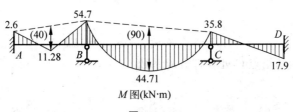

M 图(kN·m)

图　7-9

例 7-6 用力矩分配法求作图 7-10 所示刚架的弯矩图。EI 为常数。

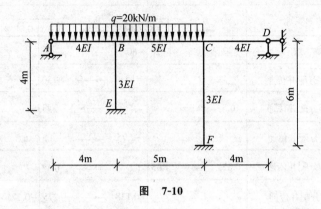

图 7-10

解：（1）计算刚结点处各杆转动刚度

结点 B 处各杆转动刚度：

BA 杆

$$S_{BA} = 3i_{BA} = 3 \times \frac{4EI}{4} = 3EI$$

BE 杆

$$S_{BE} = 4i_{BE} = 4 \times \frac{3EI}{4} = 3EI$$

BC 杆

$$S_{BC} = 4i_{BC} = 4 \times \frac{5EI}{5} = 4EI$$

结点 B 转动刚度

$$S_B = S_{BA} + S_{BC} + S_{BE} = 10EI$$

结点 C 处各杆转动刚度：

CB 杆

$$S_{CB} = 4i_{CB} = 4 \times \frac{5EI}{5} = 4EI$$

CF 杆

$$S_{CF} = 4i_{CF} = 4 \times \frac{3EI}{6} = 2EI$$

CD 杆

$$S_{CD} = 3i_{CD} = 3 \times \frac{4EI}{4} = 3EI$$

结点 C 转动刚度

$$S_C = S_{CB} + S_{CD} + S_{CF} = 9EI$$

（2）计算结点 B 和结点 C 处各杆分配系数

B 点

$$\mu_{BA} = \frac{S_{BA}}{S_B} = 0.3 \qquad \mu_{BE} = \frac{S_{BE}}{S_B} = 0.3 \qquad \mu_{BC} = \frac{S_{BC}}{S_B} = 0.4$$

C 点

$$\mu_{CB}=\frac{S_{CB}}{S_C}=\frac{4}{9} \qquad \mu_{CF}=\frac{S_{CF}}{S_C}=\frac{2}{9} \qquad \mu_{CD}=\frac{S_{CD}}{S_C}=\frac{3}{9}$$

（3）计算 B、C 两点各杆固端弯矩

AB 杆

$$M_{BA}^{F}=\frac{ql^2}{8}=40\text{kN}\cdot\text{m}$$

BC 杆

$$M_{BC}^{F}=-\frac{ql^2}{12}=-41.7\text{kN}\cdot\text{m}$$

BE 杆

$$M_{BE}^{F}=0$$

CB 杆

$$M_{CB}^{F}=\frac{ql^2}{12}=41.7\text{kN}\cdot\text{m}$$

CF 杆

$$M_{CF}^{F}=0$$

CD 杆

$$M_{CD}^{F}=0$$

（4）计算 B、C 两点处不平衡力矩

$$M_B=40+(-41.7)\text{kN}\cdot\text{m}=-1.7\text{kN}\cdot\text{m}$$

$$M_C=41.7\text{kN}\cdot\text{m}$$

（5）进行分配和传递

E、F 两点为支座，所有传递来的力矩均累加起来由支座承担，计算过程示于下表中。表中 BE 杆的 B 端弯矩为 $3.45\text{kN}\cdot\text{m}$，$CF$ 杆的 C 端弯矩为 $-9.7\text{kN}\cdot\text{m}$，而它们向远端的传递系数都为 0.5，所以 E、F 两点的杆端弯矩分别为 $1.7\text{kN}\cdot\text{m}$ 和 $-4.85\text{kN}\cdot\text{m}$。

		A		BA	BE	BC		CB	CF	CD		D
			0 ←	0.3	0.3	0.4	0.5	4/9	2/9	3/9	0 →	
M^F				40	0	−41.7		41.7	0	0		
第一次	C点分配传递					−9.25 ←		−18.5	−9.3	−13.9	→	0
	B点分配传递			0 ←	3.3	3.3	4.4	→	2.2			
第二次	结点C分配系数					−0.5 ←		−1.0	−0.5	−0.7	→	0
	结点B分配系数			0 ←	0.15	0.15	0.2	→	0.1			
								0.044	0.022	0.033		
最终杆端弯矩		0		43.45	3.45	−46.85		24.44	−9.68	−14.57		0

E（固定端） F（固定端）

（6）绘制弯矩图（图 7-11）

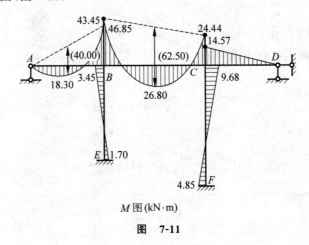

M 图（kN·m）

图　7-11

力矩分配法小结

1. 力矩分配法适用于有结点角位移且无线位移的结构,这类结构主要为连续梁和无侧移的刚架两类结构。

2. 基本概念:转角刚度、分配系数、传递系数、固端弯矩和不平衡力矩。

3. 具体计算过程

① 计算各刚结点处各杆的转动刚度、分配系数以及各杆向远端的传递系数。

② 对各刚结点附加刚臂,计算出各杆在刚结点处的杆端固端弯矩及该点处的总固端弯矩。

③ 分配传递先从固端弯矩绝对值最大点开始。将结点固端弯矩分配给各杆,然后向各杆的远端传递,之后再固定（即再加刚臂）;接下去考虑另一个刚结点,按照同样程序分配、传递,这样做完结构中所有点为一次分配传递;然后依照这种做法再来做第二遍,如此下去,残留约束力矩会越来越小,当满足一定精度要求时,即可终止计算（通常不超过三遍）。

4. 力矩分配法的理论基础是位移法,其优点是不需要建立位移法的联立方程组,且其收敛速度较快（一般只需 2～3 遍）,在计算工作量上有一定优势,但这是一种近似解法（对单结点问题是精确的）。

习题

1.1　求出习题 1.1 图所示四个结构的 M_{AB},各杆长度均为 l,EI 相同,分析其差别及原因。

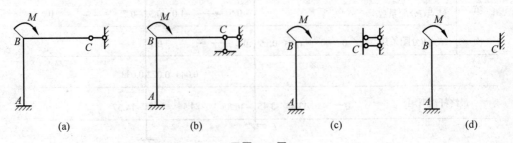

| (a) | (b) | (c) | (d) |

习题 1.1 图

1.2 用力矩分配法计算如习题 1.2 图所示连续梁，作弯矩图和剪力图。*EI* 为常数。

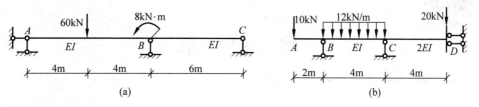

习题 **1.2** 图

1.3 用力矩分配法计算如习题 1.3 图所示刚架，并作弯矩图。*EI* 为常数。

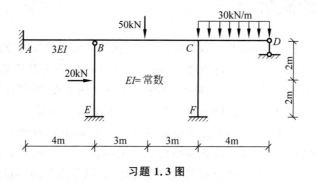

习题 **1.3** 图

第 7 章习题参考答案

第 8 章

影　响　线

8.1　影响线的概念

本章要解决的问题是，结构上的荷载可以移动，在此情形下结构的支座反力及某些内力将如何变化。例如，行驶的车辆通过桥梁，厂房中吊车往返运行在其轨道上（轨道也是一种梁），这些作用于梁上的荷载有这样的特点，不作用在一个固定点，而是在结构上一定范围内平行移动，但其大小和作用方向保持不变。那么按照前面所学知识，要问该情况下结构的支座反力和某一点的内力如何确定，显然这些量是随荷载位置不同而变化的。在进行结构设计时，必须确定支座应承担的最大荷载和结构上每根构件的某一截面上内力的最大值。为此需确定荷载移动时，这些支座反力和内力的变化情况，以及这些力学量达到最大值时荷载的位置，即最不利荷载位置。这就是本章影响线所要解决的问题。

移动荷载的情形较多，若要每种工况都做全部计算那是很烦琐的，于是抽出其共性的东西进行研究，之后应用到所有情形中去。移动荷载有各种数值，为方便研究起见，可选取其量值为 1（即单位荷载）去研究，当有了单位移动荷载的结果，对实际问题中同样情形只要乘以其移动荷载的倍数即可得其结果。

选无量纲且数值为 1 的集中荷载作为单位荷载，由此荷载在结构上移动，得到其对结构上某个支座反力或某内力的影响情况并绘制成图，称为影响线。具体做法下面举例说明。

考虑一悬臂梁结构，其上作用集中力 $F_P=1$（单位荷载），当 F_P 在梁上移动时，考查固定端 A 点的弯矩变化情况。

坐标如图 8-1 所示，F_P 作用在离固定端 A 点为 x 处，求得 A 点的弯矩为

$$M_A = F_P x = x \quad （梁上侧受拉）$$

该图表明，当 F_P 在 A 点时（$x=0$）对 M_A 的影响为零，在 B 点时（$x=l$）对 M_A 的影响最大，$M_A=l$。应强调，这里的 x 是荷载在梁上的位置，函数图形表示 M_A 的大小，它不同于弯矩图。这一图形（曲线）就叫作该悬臂梁 A 点处截面弯矩的影响线。

看过此例后，现对影响线做更准确的定义，当单位荷载方向不变，在结构上移动时，对结构的某一力学量（支座反力、某截面的任一内力或某处位移等）引起变化的规律的图形，称为该力学量的影响线。

若在图 8-1 中悬臂梁的 C、D 两点作用有两个集

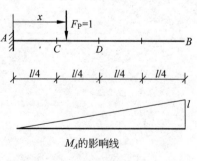

图　8-1

中力 $F_{P1}=20kN$ 和 $F_{P2}=30kN$,梁长为 $4m$,用影响线图来求这两个集中荷载在 A 点引起的弯矩值。根据影响线的定义按叠加原理可得:

$$M_A=F_{P1}\times\frac{l}{4}+F_{P2}\times\frac{l}{2}$$

$$=\left(20\times\frac{4}{4}+30\times\frac{4}{2}\right)kN\cdot m$$

$$=80kN\cdot m$$

若在梁上作用均布荷载 $q=10kN/m$,用影响线图来求固端 A 点处截面上的弯矩值。在梁上距 A 点 x 处取一微元 dx,这微元上的荷载应为 qdx,对应于 x 处的影响值(x 处影响线的量值)为 x,因为影响线的方程为 $y=x(0\leqslant x\leqslant l)$,$y$ 为影响量。所以,该微元上荷载引起 A 点 M_A 值为一微量 $dM_A=qdx\cdot x=qxdx$,整个梁上均布荷载对 M_A 的影响可用积分求得:

$$M_A=\int_0^l dM_A=\int_0^l qx\,dx=\frac{1}{2}ql^2$$

若将数值代入,得:

$$M_A=\left(\frac{1}{2}\times10\times4^2\right)kN\cdot m=80kN\cdot m$$

影响线是专门研究移动荷载问题的工具。作影响线的方法有两种:静力法和机动法。

8.2　用静力法作影响线

静力法作影响线就是选荷载的作用位置为变量 x(这是由所研究的问题决定的,荷载是可移动的),通过平衡方程,求得结构上某个力学量(支座反力、某构件的某个内力)的影响函数,并作出影响线。

8.2.1　简支梁的影响线

简支梁是工程中梁类结构中应用较多的,对此作支座反力及内力影响线。

(1) 支座反力影响线

在图 8-2 中简支梁上作用 $F_P=1$ 的移动荷载,设梁上的任意位置距 A 点为 x,对 B 点取矩,列平衡方程 $\sum M_B=0$,可得:

$$F_{Ay}\times l-F_P\times(l-x)=0$$

由此得:

$$F_{Ay}=\frac{l-x}{l}\quad(0\leqslant x\leqslant l)$$

此式为 F_{Ay} 的影响线方程,为直线形式。

同理,用同样的方法求出 F_{By} 的影响线:

$$F_{By}=\frac{x}{l}\quad(0\leqslant x\leqslant l)$$

由影响线图形可以看到,当 $F_P=1$ 作用在 A 点($x=0$)时,对 F_{Ay} 影响最大;当 $F_P=1$ 作用在 B 点($x=l$)时,对 F_{By} 影响最大。这两种情形是显而易见的。

（2）某点内力（C 点的剪力 F_{QC} 和弯矩 M_C）影响线

求 C 点截面上剪力影响线。因为当集中力作用在 C 点时，F_{QC} 会有跳跃值，故分为两段讨论。当 $F_P=1$ 在 CB 段时，截取 C 点以左为隔离体并考虑竖向平衡得：

$$F_{QC}=F_{Ay} \quad （F_P=1 \text{ 在 } CB \text{ 段}）$$

这显示，在 CB 段上的 F_{QC} 的影响线与此段上的 F_{Ay} 的影响线相同，可将 CB 段上的 F_{Ay} 影响线直接用过来，C 点处的影响值为 b/l。当 $F_P=1$ 在 AC 段时，用同样的方法可求得：

$$F_{QC}=-F_{By} \quad （F_P=1 \text{ 在 } AC \text{ 段}）$$

在此段内 F_{QC} 的影响值是 F_{By} 影响值的负值，因此将 F_{By} 影响线倒过来画在基线以下，C 点的影响值为 $-\dfrac{a}{l}$。

现在作 C 截面弯矩 M_C 的影响线。仍分为两段来作，当 $F_P=1$ 在 AC 段时，取 C 点右边 CB 段为隔离体，对 C 点取矩列平衡方程得：

$$M_C=F_{By} \cdot b \quad （F_P=1 \text{ 在 } AC \text{ 段}）$$

同样，当 $F_P=1$ 在 CB 段时，取 C 点左边 AC 段为隔离体，对 C 点取矩列平衡方程得：

$$M_C=F_{Ay} \cdot a \quad （F_P=1 \text{ 在 } CB \text{ 段}）$$

将两段直线绘于 M_C 的影响线图中，在 C 点 M_C 的影响线可求出为 $\dfrac{ab}{l}$。

M_C 的影响线为分段直线，构成一个三角形（图 8-2）。当 $F_P=1$ 作用在 C 点时弯矩值最大（这在之前的结构分析中已经得到过此种规律），当 $F_P=1$ 从 C 点向两端移动时，M_C 值逐渐减小到零。

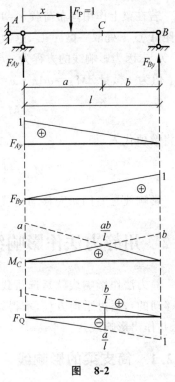

图 8-2

这里请注意，支座反力及剪力影响线竖标是无量纲量，弯矩影响线竖标的量纲是长度，这从它们的表达式可以看出。

例 8-1　作如图 8-3 所示伸臂梁支座反力和 C 点、D 点的剪力及弯矩的影响线。

解：（1）求支座反力影响线

由整体平衡得：

$$F_{Ay}=\frac{l-x}{l} \quad （-l_1 \leqslant x \leqslant l+l_2）$$

$$F_{By}=\frac{x}{l} \quad （-l_1 \leqslant x \leqslant l+l_2）$$

该两方程与简支梁的结果相同。对于伸臂部分，只要注意到当 F_P 位于支座 A 以左时，x 取负值，该方程仍适用。因此只需将相应简支梁的反力影响线向两个伸臂部分延伸即可。

这与简支梁情形有区别，当 $F_P=1$ 在伸臂部分时会引起较远处支座的拉力，此时一个支座受压，一个支座受拉。

（2）求 C 点内力影响线

当 $F_P = 1$ 在 C 点以左移动时，取 C 点右边部分梁段为隔离体，考虑竖向平衡和对 C 点取矩的平衡得：

$$M_C = F_{By}b$$
$$F_{QC} = -F_{By}$$

（$F_P = 1$ 作用在 EAC 段时）

同理，可得梁右边影响线的方程：

$$M_C = F_{Ay}a$$
$$F_{QC} = F_{Ay}$$

（$F_P = 1$ 作用在 CBF 段时）

由此，求得 $F_P = 1$ 在全梁移动时对 C 点内力 M_C 和 F_{QC} 的影响线（图 8-3）。

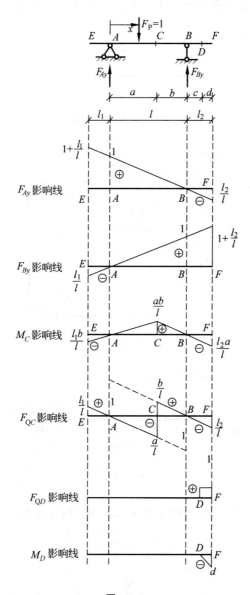

图 8-3

与简支梁相比,作伸臂梁的支座反力和 AB 跨内任一截面的弯矩、剪力影响线时,只要将简支梁 AB 的相应影响线延长至伸臂梁的自由端即可。

现在作伸臂段上 D 点的弯矩图 M_D 和剪力 F_{QD} 的影响线。

显然,当 $F_P=1$ 作用在 DF 段时才会对 M_D 和 F_{QD} 有影响,作用在其他位置时 DF 段不受影响。用同样的方法极易得到

$$M_D = -x$$
$$F_{QD} = 1$$ （$F_P=1$ 作用在 DF 段时）

$$M_D = 0$$
$$F_{QD} = 0$$ （$F_P=1$ 作用在 $EACBD$ 段时）

例 8-2 求作图 8-4 所示结构上 1 点和 2 点处的弯矩影响线。

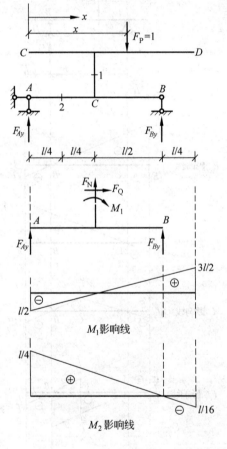

图 **8-4**

解:(1) 先求出支座反力,在图示坐标中由整体平衡可求得:

$$F_{Ay} = \frac{l-x}{l}$$

$$F_{By} = \frac{x}{l}$$

（2）作 1 点处截面上弯矩 M_1 的影响线。取隔离体（图 8-4），设 M_1 以使左侧受拉为正。

由 $\sum M_1 = 0$ 得：

$$M_1 = x - \frac{l}{2} \quad (0 \leqslant x \leqslant 5l/4)$$

作出 M_1 的影响线。

（3）作 2 点处截面上弯矩 M_2 的影响线。由于 $F_P = 1$ 在 CD 上移动，不在 AB 梁上移动。若从 2 点处截开并取 $A2$ 段作隔离体，考虑平衡，则

$$M_2 = F_{Ay} \times \frac{l}{4} = \frac{l-x}{l} \times \frac{l}{4} = \frac{1}{4}(l-x) \quad (0 \leqslant x \leqslant 5l/4)$$

8.2.2　结点荷载作用下简支梁的影响线

如图 8-5 所示结构，将简支梁作为主梁，在主梁上几个固定点架有横梁，再上为纵梁。移动荷载作用在纵梁上，由图可知，主梁只在 A、C、E、F、B 点承受集中力，称为结点荷载（对于主梁而言）。

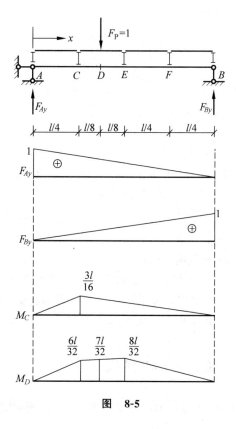

图 8-5

现在研究此结构的支座反力和 C、D 两点弯矩的影响线作法。

（1）支座反力的影响线

取图中坐标，利用竖向平衡和对 A 点取矩平衡，可得：

$$F_{Ay} = \frac{l-x}{l} \qquad F_{By} = \frac{x}{l}$$

这与前述简支梁的情形完全相同。

（2）M_C 的影响线

C 点正好是结点，那么必须分 $F_P = 1$ 在结点左边和右边两种情形考虑。当 $F_P = 1$ 在 C 点左边时，利用 F_{By} 求 M_C，当 $F_P = 1$ 在 C 点右边时，利用 F_{Ay} 求 M_C。

$$M_C = F_{By} \times \frac{3}{4}l = \frac{3}{4}x \quad (F_P = 1 \text{ 作用在 } C \text{ 点左边}, 0 \leqslant x \leqslant l/4)$$

$$M_C = F_{Ay} \times \frac{1}{4}l = \frac{1}{4}(l-x) \quad (F_P = 1 \text{ 作用在 } C \text{ 点右边}, l/4 \leqslant x \leqslant l)$$

若将 a 取为 $l/4$，b 取为 $3l/4$，则 C 点处影响值为 ab/l，这与前述简支梁情形相同。

（3）M_D 的影响线

当 $F_P = 1$ 作用在 C 点时：

$$M_D = F_{By}b = \frac{x}{l}b = \frac{\frac{l}{4}}{l} \times \frac{4}{4}l = \frac{3}{16}l = \frac{6}{32}l$$

当 $F_P = 1$ 作用在 E 点时：

$$M_D = F_{Ay}a = \frac{l-x}{l}a = \frac{l - \frac{l}{2}}{l} \times \frac{1}{2}l = \frac{1}{4}l = \frac{8}{32}l$$

当 $F_P = 1$ 作用在 D 点上方时，通过横梁压到主梁 C、E 两点的力应均为 $1/2$，此情形下 M_D 就应是上述两值的各一半之和，即

$$M_D = \frac{3}{16}l \times \frac{1}{2} + \frac{1}{4}l \times \frac{1}{2} = \frac{7}{32}l$$

若 D 点不在 C、E 区间的中点，可按比例计算出 C、E 两点承担的竖向集中力值，再由前述简支梁的影响线值乘以相应力值求得 M_D 的影响值。

由于影响线应是分段直线，现已知 A、B、C、D 各点之值，可绘出 M_D 的影响线（图 8-5）。读者可练习作 F_{QC} 和 F_{QD} 的影响线。

由此可知，结点荷载作用下影响线的特点：

① 结点荷载作用下，结构各力学量的影响线在相邻两点之间为一直线。

② 先求出直接荷载作用下作用在各结点上的各点影响线值，用直线连接相邻两结点的影响值（竖距），就得到结点荷载作用下的影响线。

8.3 用机动法作静定梁的影响线

用机动法作影响线的理论基础是刚体体系虚功原理，现利用此原理作静定外伸梁支座反力的影响线（图 8-16）。

以下求 F_{By} 的影响线。将 B 点支座去除以支座反力 F_{By} 代替（图 8-6）。此时原结构即成为具有一个自由度的机构，使该机构产生任意微小的虚位移（注意，此时 AB 梁只能绕 A 点转动），以 δ_F 和 δ_P 分别表示支座反力 F_{By} 和 $F_P = 1$ 的作用点处的虚位移，根据虚功原

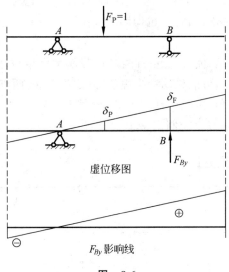

图　**8-6**

理有(这里 F_{By} 与 δ_F 同向，F_P 与 δ_P 方向相反)：

$$F_{By} \times \delta_F - F_P \times \delta_P = 0$$

解得：

$$F_{By} = \frac{\delta_P}{\delta_F} \tag{8-1}$$

式中，δ_F 在给定虚位移后就不会变了，它是常量；δ_P 是 $F_P = 1$ 处的虚位移，随 $F_P = 1$ 作用点的改变而改变，即 $\delta_P = \delta_P(x)$，x 是基线坐标。于是，δ_P/δ_F 就反映了随 δ_P 改变支座反力 F_{By} 就改变的规律。若直接取 $\delta_F = 1$，则式(8-1)成为

$$F_{By} = \delta_P \tag{8-2}$$

这里将 F_{By} 的大小变化用 δ_P 表示出来，而 δ_P 是 $F_P = 1$ 所在位置处对应的虚位移，那么 F_{By} 受 $F_P = 1$ 的影响就由此式给出了。此时的 δ_P 图就表示了 F_{By} 的影响线(图 8-6)。以上作出影响线的方法称为机动法。

　　将以上过程做归纳总结可知：①用机动法作各力学量影响线，是将静力平衡问题转化为作位移图的几何问题；②机动法可不作具体计算就能快速绘出影响线轮廓，可以对静力法所作影响线进行规律性校核。

　　例 8-3　用机动法绘制图 8-7 所示多跨静定梁 F_{By}、M_K、M_C、F_{QC}^L、F_{QC}^R 的影响线。

　　解：(1) 作 F_{By} 的影响线

　　去掉 B 点支座以支座反力 F_{By} 代替，并使梁在 B 点向上移动单位虚位移(与支座反力方向相同)。记住梁上的 A、C、D 点处梁只可转动不可有其他线位移(否则虚位移就不协调)。由几何关系可求得 $EE' = 1.5$，$FF' = 1$，$GG' = 0.5$，据此虚位移图可绘出 F_{By} 的影响线。

　　(2) 作 M_K 的影响线

　　设想将 K 点处截面由刚接改为铰接(对应于此点弯矩内力)，使其左右两侧截面发生相对单位转角，以下按几何关系计算各点虚位移(即影响值)。$\angle AK'A' = 1$，则 $AA' = 2$，

K 点的竖标为 $4/6×2＝4/3$，E 点的竖标为 1（向下），F 点的竖标为 $2/3$（向上），G 点的竖标为 $1/3$（向下）。由此得出其虚位移图，也即影响线图。

　　（3）作 M_C 的影响线

　　在 C 点将刚结改为铰结，使 C 点左右两段杆截面发生单位相对转角。ABE 部分为该多跨梁的基本部分，EC 段不可能移动产生虚位移（因为 E、C 两点无竖向虚位移），杆 CF 段绕 C 点顺时针转动单位转角，由此可计算出 F 点的竖标为 2（向下），进而求得 G 点有向上虚位移 1。那么 M_C 的影响线就绘制出来了。

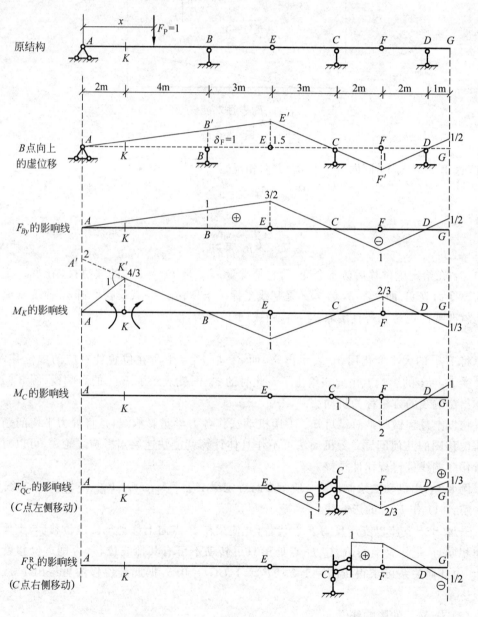

图　8-7

（4）作 F_{QC}^{L} 的影响线

在 C 点左侧将杆件刚结改为截面左右两侧以两根水平方向的平行链杆相连（位移可上下滑动，但与 F_{QC}^{L} 正向相对应只能是下滑），当 C 点左侧杆件沿 F_{QC}^{L} 的方向向下错动，基本部分（ABE 部分）无位移，只是 EC 段绕 E 点转动，且 C 左侧截面向下移动单位 1 的线位移。由于加了一对平行链杆，那么，在左侧截面向下移动时右侧截面受 C 点支座约束不能上下移动，但右侧截面应与左侧截面平行，故 EC 段与基线的夹角应该等于 CF 段与基线的夹角。由几何关系可算出 F 点和 G 点的位移（图 8-7），如此即可绘出 F_{QC}^{L} 的影响线。

（5）作 F_{QC}^{R} 的影响线

作法与 F_{QC}^{L} 的作法相同，E 点（ABE 的端点）不能上下移动，C 点（平行链杆的左侧）在支座上不能移动，故 EC 段不会上下移动也不会转动，因此 C 点（平行链杆右侧）只可垂直向上移动（与 F_{QC}^{R} 正向相对应），那么 CF 段只能平行上移。FG 段只可绕 D 点转动。由此给出 F_{QC}^{R} 的影响线。

8.4　影响线的应用

8.4.1　求各种荷载作用下的影响值

求作结构的某力学量影响线时，荷载采用了单位荷载 $F_P = 1$，根据叠加原理，自然可求出任意大小其他单个荷载作用下产生的影响值以及多个荷载作用下的总影响值。

以前述图 8-2 简支梁为例，设其上作用一组集中荷载 F_{P1}、F_{P2}、F_{P3}，位置如图 8-8 所示。求这组集中荷载在 C 点产生的剪力，先给出该简支梁 F_{QC} 的影响线。当只有 F_{P1} 作用时，F_{QC} 应为 $F_{P1}y_1$，由叠加原理可知，这 3 个集中力共同作用时：

$$F_{QC} = F_{P1}y_1 + F_{P2}y_2 + F_{P3}y_3 \tag{8-3}$$

若 F_{P1}、F_{P2} 和 F_{P3} 中有一个刚好作用在 C 点时，影响值（y 值）应有两个，即 $-a/l$ 和 b/l，取用不同的值可计算出 F_{QC}^{L} 和 F_{QC}^{R}，因为在此点有集中力作用时 F_{QC} 就有跳跃值。

更一般地说，有一组集中力 F_{P1}、F_{P2}、$\cdots$、F_{Pn} 作用于结构上时，而结构的某力学量 S 的影响线在各荷载对应位置处的竖标（影响值）为 y_1、y_2、$\cdots$、y_n，则

$$S = F_{P1}y_1 + F_{P2}y_2 + \cdots + F_{Pn}y_n$$

$$= \sum_{i=1}^{n} F_{Pi}y_i \tag{8-4}$$

若该结构在某一段（图中 DE 段）承受均布荷载 q 作用，则可用微元法求出。沿基线（梁轴线）取微段 dx，其上的荷载为 $q\,dx$，可看作一个集中荷载，它引起的影响值应为 $q\,dx \cdot y(x)$（$y(x)$ 是与 $q\,dx$

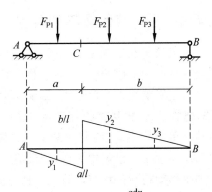

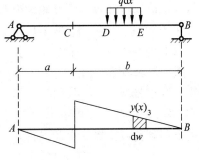

图 8-8

相同位置处的影响值),那么 DE 段上均布荷载作用下的影响值为

$$S = \int_D^E y(x) q \, dx = q \int_D^E y(x) \, dx = qw \tag{8-5}$$

式中,w 表示影响线图上 DE 段的面积。式(8-5)的意义是,均布荷载引起的影响值 S 等于均布荷载集度乘以相对段内影响线的面积,但要注意 w 的正负(影响线为负段的 w 值为负,影响线为正段的 w 值为正)。

例 8-4　结构为上述讨论的简支梁,求 C 点的剪力值,荷载情况有两种:①满布均布荷载,其强度为 q;②在 C 点处作用一集中力,大小为 F_P。

解:(1)当满布均布荷载 q 时,先求出全梁的影响线面积,由图 8-8 知:

$$w = \left(\frac{1}{2} \times b \times \frac{b}{l} \right) - \left(\frac{1}{2} \times a \times \frac{a}{l} \right) = \frac{b^2 - a^2}{2l}$$

式中,第一项是右端面积为正值,第二项是左端面积为负值。那么

$$F_{QC} = qw = \frac{b^2 - a^2}{2l} q$$

(2)当集中力 F_P 作用在 C 点时,按式(8-3)有:

$$F_{QC}^L = -\frac{a}{l} F_P$$

$$F_{QC}^R = \frac{b}{l} F_P$$

此处剪力的跳跃值为

$$\frac{b}{l} F_P - \left(-\frac{a}{l} F_P \right) = F_P$$

8.4.2　求荷载的最不利位置

荷载最不利位置是指荷载移动到某个位置时使结构的某个力学量达到最大值(指最大正值和负值绝对值的最大值)。利用影响线可求荷载最不利位置。

由于影响线是分段直线,影响值是按叠加原理求得,所以荷载的最不利位置判断方法是:把数量大、排列密的荷载放在影响线竖标较大的部分即可。分几种情况考虑:①移动荷载是单个集中力,则荷载最不利位置应是这个集中力作用在影响线的竖标最大处;②如果移动荷载是一组集中荷载,则最不利位置应是,必有一个集中荷载作用在影响线的顶点;③如果移动荷载是均布荷载且可任意分布,则最不利位置是在影响线正号部分布满荷载(求出最大正值),或在负号部分布满荷载(求出负值的最大绝对值)。

例 8-5　如图 8-9 中,吊车在其轨道上(抽象为简支梁)移动时,轮压和轮距不变,求梁上指定点 C 处的最大剪力值。

解:先求出 F_{QC} 的影响线(图 8-9),欲求出 F_{QC} 的最大值,该情况下应将荷载尽量放在影响线正号部分,再考虑将排列较密的荷载放在影响线竖标较大的位置。由图中荷载大小和相距尺寸,唯有图中情形为最大值的可能情形,且只此一种,这也即对于 F_{QC} 这一力学量的最不利荷载位置。由此求得:

$$F_{QC max} = F_{P1} y_1 + F_{P2} y_2 = \left(40 \times \frac{2}{3} + 30 \times \frac{5}{12} \right) \text{kN} = 39.1 \text{kN}$$

显然，F_{QC} 的负值的绝对值肯定小于此值，故不再考虑。

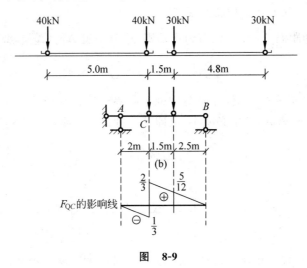

图 8-9

8.4.3 临界位置的判定

一列移动的集中荷载是最常见情形，当它们移动时需要确定结构中某力学量 S 的最不利荷载位置。该工作应该是，先求出使 S 达到极值的荷载位置，这个荷载位置叫作临界位置；接着再从这些临界位置中选出荷载的最不利位置。其实就是从 S 的极值中选出最大值和最小值。

下面对此问题进行仔细分析。

这里再说一下，影响线都是直线，可以是分段直线，在整个基线上表现为折线；移动荷载在移动中其大小和相互之间的距离不变。下面的讨论具有一般性。

如图 8-10 所示，影响线各段与基线的夹角分别记为 α_1、α_2、α_3（这里注意，α_1 和 α_2 为正，α_3 为负），每一折线段内的合力为 F_1、F_2、F_3。

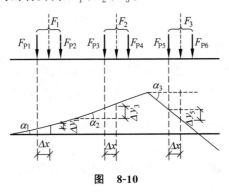

图 8-10

按式(8-4)可得：

$$S = F_{P1}y_1 + F_{P2}y_2 + F_{P3}y_3 + F_{P4}y_4 + F_{P5}y_5 + F_{P6}y_6$$
$$= F_1\bar{y}_1 + F_2\bar{y}_2 + F_3\bar{y}_3$$
$$= \sum_{i=1}^{3} F_i\bar{y}_i$$

这里将影响线上每一段折线段上的集中荷载分为一组,再等效为一个集中力 F_i;$\bar{y}_i$ 为各折线段内合力 F_i 所对应的影响系数。

设移动荷载移动距离 Δx(Δx 向右为正),则 $\bar{y}_i$ 有增量 $\Delta \bar{y}_i$($\Delta \bar{y}_i = \Delta x \tan\alpha_i$),则

$$\Delta S = \sum_{i=1}^{3} F_i \Delta \bar{y}_i = \Delta x \sum_{i=1}^{3} F_i \tan\alpha_i$$

欲使某力学量 S 成为极大值(此时荷载处于临界位置),那就应该是,荷载自临界位置向左或向右移动 Δx 距离后,其值必减小,也即其增量必为零或负值 $\Delta S \leqslant 0$,这就得到:

$$\Delta x \sum_{i=1}^{3} F_i \tan\alpha_i \leqslant 0$$

即

$$\sum F_i \tan\alpha_i \leqslant 0 \qquad \Delta x > 0 \text{(荷载向右移)}$$
$$\sum F_i \tan\alpha_i \geqslant 0 \qquad \Delta x < 0 \text{(荷载向左移)}$$

$$(8\text{-}6)$$

同理,欲使某力学量 S 成为极小值(此时荷载处于临界位置),必须满足:

$$\sum F_i \tan\alpha_i \geqslant 0 \qquad \Delta x > 0 \text{(荷载向右移)}$$
$$\sum F_i \tan\alpha_i \leqslant 0 \qquad \Delta x < 0 \text{(荷载向左移)}$$

$$(8\text{-}7)$$

现考虑 $\sum F_i \tan\alpha_i \neq 0$ 的情形,此时有结论,若某力学量 S 成为极值(包括极大和极小),则不论荷载向左或向右移动时,$\sum F_i \tan\alpha_i$ 必变号。

讨论 $\sum F_i \tan\alpha_i$ 变号的条件。由于 $\tan\alpha_i$ 是常数(影响线各段斜率不变),那么 $\sum F_i \tan\alpha_i$ 变号的条件就是 F_i(各段内的合力)的数值要改变,这也就是说,这一段内的集中力增加或减少了一个或几个,或者说当荷载向左或向右移动时,在临界位置必有至少一个集中荷载作用在影响线的某个顶点上,一旦移动的话,它必须移到另一段内,那么之前那一段内的 F_i 必有变化。这是 $\sum F_i \tan\alpha_i$ 变号的必要条件。

讨论至此,对确定荷载最不利位置的步骤归纳如下:

(1) 从几个集中力中选一个记作 F_{Pcr},使它位于影响线的某一个顶上。

(2) 当 F_{Pcr} 向左或向右移动后,分别求 $\sum F_i \tan\alpha_i$ 的值,若 $\sum F_i \tan\alpha_i$ 变号或者由零变为非零,则此荷载位置就是临界位置,F_{Pcr} 就是临界荷载。若 $\sum F_i \tan\alpha_i$ 不变号,则此位置就不是临界位置。

(3) 对每一个临界位置求出一个 S 的极值,再从中选出最大值和最小值,同时就确定了荷载的最不利位置。

例 8-6 如图 8-11 所示,给出一组移动荷载,同时给出了某力学量 S 的影响线,试按该条件求荷载最不利位置和 S 的最大值($F_{P1} = F_{P2} = F_{P3} = F_{P4} = F_{P5} = 90$ kN,$q = 40$kN/m)。

解: 按前述步骤求 S 极值的方法,可将 F_{P1}、F_{P2}、F_{P3}、F_{P4}、F_{P5} 依次置于影响值为 1.0 的位置(影响线的一个顶上),计算出 5 个极值,由其中选出 S_{max}。但由观察可知,最大值可能为 F_{P4} 或 F_{P5} 置于影响值为 1.0 处(实际上是 F_{P4} 置于此处可得 S_{max},其他算法相同,就直接讨论这一个极值,也即最大值)。

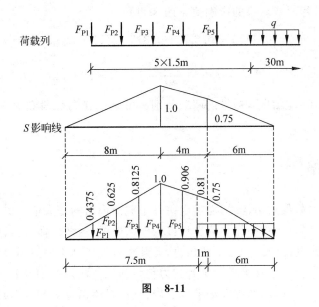

图 8-11

(1) 荷载布置情况见图 8-11。

(2) 试算 $\sum F_i \tan\alpha_i$，由左向右

$$\tan\alpha_1 = \frac{1}{8} \qquad \tan\alpha_2 = -\frac{0.25}{4} \qquad \tan\alpha_3 = -\frac{0.75}{6}$$

若荷载向右移动，各段的合力 F_i 如下：

$$F_1 = (90 \times 3)\text{kN} = 270\text{kN}$$

第一段内放置 3 个集中力；

$$F_2 = (90 \times 2 + 40 \times 1)\text{kN} = 220\text{kN}$$

第二段内放置 2 个集中力，其中顶点 1 个（F_{P4}），还有一段（1m）均布荷载；

$$F_3 = (40 \times 6)\text{kN} = 240\text{kN}$$

第三段全为均布荷载。

所以

$$\sum F_i \tan\alpha_i = \left[270 \times \frac{1}{8} + 220 \times \left(-\frac{0.25}{4} \right) + 240 \times \left(-\frac{0.75}{6} \right) \right] \text{kN}$$

$$= -10\text{kN} < 0$$

若荷载向左移动，则有

$$F_1 = (90 \times 4)\text{kN} = 360\text{kN}$$

$$F_2 = (90 + 40 \times 1)\text{kN} = 130\text{kN}$$

$$F_3 = (40 \times 6)\text{kN} = 240\text{kN}$$

$$\sum F_i \tan\alpha_i = \left[360 \times \frac{1}{8} + 130 \times \left(-\frac{0.25}{4} \right) + 240 \times \left(-\frac{0.75}{6} \right) \right] \text{kN}$$

$$= 7.275\text{kN} > 0$$

由于 $\sum F_i \tan\alpha_i$ 变号，故此位置是临界位置，那么，由此计算某力学量 S 的值是一极值，对于此问题也是最大值。

（3）计算 S 值（各荷载对应的影响值见图 8-11）

$$S_{\max} = \left[90 \times (0.4375 + 0.625 + 0.8125 + 1) + 90 \times 0.906 + 40 \times \right.$$

$$\left. \left(\frac{0.81 + 0.75}{2} \times 1 + \frac{6 \times 0.75}{2} \right) \right] \text{kN} = 506.5 \text{kN}$$

最后一项是均布荷载的影响量，括号内两项分别为影响线在第二段和第三段内的梯形面积和三角形面积。

8.5 内力包络图

在设计承受移动荷载的结构时，需求出每一个截面内力的最大值和最小值，将这些最大值连接为一条曲线，同时将这些最小值也连接为一条曲线，这两条曲线被称为截面内力的包络图。包络图在结构设计中扮演着重要角色，尤其在各类梁结构中应用很多。

以工程中使用很多的简支梁来讨论其内力包络图的作法。如图 8-12 所示吊车梁，在梁上均匀等长地选取 9 个点，用前述方法求各点内力（这里绘出弯矩和剪力）的影响值，它们的大小竖标示于图上，然后把这些点用曲线拟合，即得到该吊车梁在移动荷载作用下的包络图（图 8-13）。这里仅考虑了移动荷载作用时的内力包络图，结构在恒荷载和活荷载（移动荷载）作用下各截面的最大、最小内力的连线称为内力包络图。

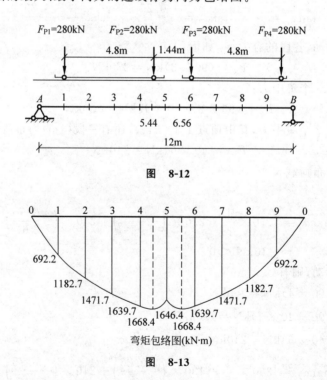

图 8-12

图 8-13

弯矩包络图中用于截面设计的值是其中的最大值，该值也被称作绝对最大弯矩。此问题中最大弯矩不在跨中，而是在跨中两侧 0.56m 处，但其差异均很小（2% 以内），大多数情形下都不会超出 5%，故工程设计中常用跨中截面的最大弯矩近似代替绝对最大弯矩。

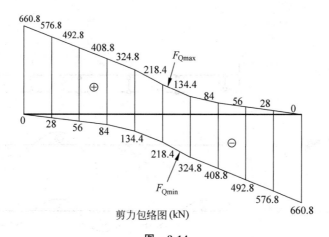

剪力包络图 (kN)

图 8-14

例 8-7 作如图 8-15 所示连续梁的内力 (M_C、M_K、F_{QC}) 包络图。连续梁受恒荷载和活荷载作用,且都为均布荷载。

解: 恒荷载引起的各截面内力 (弯矩和剪力) 是不变的,就是普通的弯矩图和剪力图。活荷载引起的内力随活荷载所在位置不同而有所变化。求出活荷载作用下某一截面的最大、最小内力,再与恒荷载作用下该截面内力值相加,即求得该截面最终内力的最大、最小值。下面讨论有活荷载作用时最大、最小内力值的求法。

为求得上述内力值,先作内力影响线,这里略去具体步骤给出具体结果 (图 8-15)。这里考虑的是均布荷载,故可用式 (8-5) 计算。此时只要将活荷载布满影响线的所有正号区间,则得某力学量 S 的最大值,将活荷载布满影响线的所有负号区间可得某力学量 S 的最小值。

连续梁是较为常见的一种结构形式,它的弯矩 (这里的 M_C 和 M_K) 影响线在各跨内符号不变,各截面弯矩的最不利荷载位置是在某些跨内整跨布满活荷载。各截面弯矩的最大、最小值可由某几跨单独布满活荷载时的弯矩相加而求得。

由图 8-15 可以得出以下几点结论:

① 连续梁的弯矩影响线在各跨范围内符号相同。各截面弯矩的最不利荷载位置是在某些跨上整跨布满荷载。

② 跨中截面的最大弯矩的最不利活荷载布置是本跨布满,再每隔一跨布置活荷载。

③ 支座截面的最大负弯矩的最不利活荷载布置是左右相邻跨布满活荷载,再每隔一跨布满活荷载。

例 8-8 如图 8-16 所示三跨连续梁,作用均布恒荷载 $q_1 = 20 \text{kN/m}$,均布活荷载 $q_2 = 30 \text{kN/m}$,求作该连续梁的弯矩包络图。

解: 先作出恒荷载作用下的弯矩图,再按前例得到的规律,在各跨内逐一布满活荷载得三种情形下的弯矩图,最后相加得各点最大、最小弯矩,作出弯矩包络图。

将梁的每一跨分为四等份,求出每一个等分点处截面上四种情形下弯矩的最大、最小值。选 1 点和 B 点求出结果如下 (以下侧受拉为正):

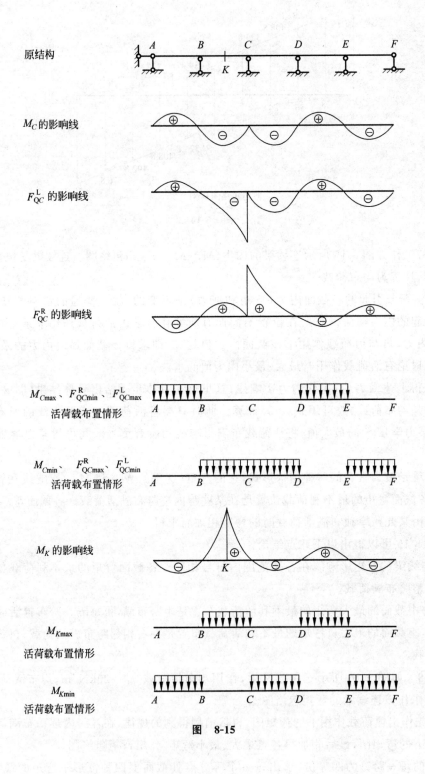

原结构

M_C 的影响线

F_{QC}^L 的影响线

F_{QC}^R 的影响线

$M_{C\max}$、$F_{QC\min}^R$、$F_{QC\max}^L$
活荷载布置情形

$M_{C\min}$、$F_{QC\max}^R$、$F_{QC\min}^L$
活荷载布置情形

M_K 的影响线

$M_{K\max}$
活荷载布置情形

$M_{K\min}$
活荷载布置情形

图 8-15

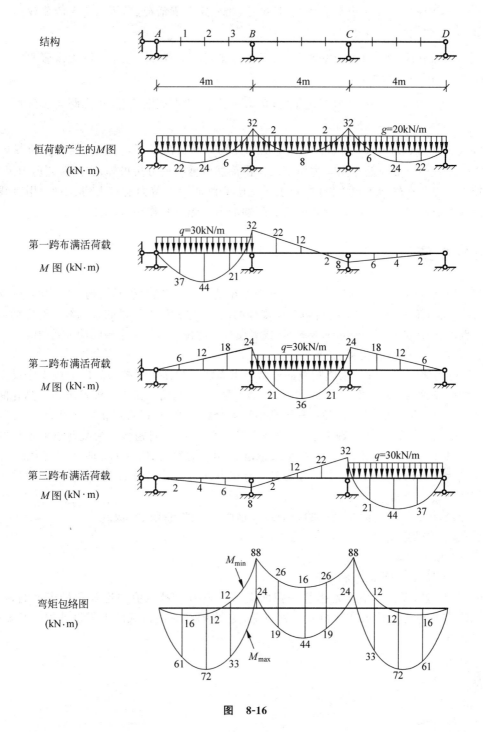

图 8-16

$$M_{1\max} = (+22+37+2)\text{kN} \cdot \text{m}$$
$$= 61\text{kN} \cdot \text{m} \quad (\text{恒荷载作用,且第一、第三跨布满活荷载,第二跨无活荷载})$$
$$M_{1\min} = (+22-6)\text{kN} \cdot \text{m}$$
$$= 16\text{kN} \cdot \text{m} \quad (\text{恒荷载作用,且第二跨布满活荷载,第一、第三跨无活荷载})$$
$$M_{B\min} = (-32-32-24)\text{kN} \cdot \text{m}$$
$$= -88\text{kN} \cdot \text{m} \quad (\text{恒荷载作用,且第一、第二跨布满活荷载,第三跨无活荷载})$$
$$M_{B\max} = (-32+8)\text{kN} \cdot \text{m}$$
$$= -24\text{kN} \cdot \text{m} \quad (\text{恒荷载作用,且第三跨布满活荷载,第一、第二跨无活荷载})$$

实际工程中一般还需作出剪力包络图。由前述对剪力的分析可知,支座两侧剪力最大,跨中较小。因此在作剪力包络图时,只求出支座两侧截面上剪力的最大、最小值,用直线连接就得到近似的剪力包络图。读者可将此问题的剪力包络图作出,以资练习。

影响线小结

1. 影响线的定义。当单位荷载方向不变地在结构上移动时,引起结构中某力学量(支座反力、某截面的任一内力或某处位移)变化规律的图形,称为该力学量的影响线。横坐标为荷载所在点,竖坐标为对某力学量的影响量,或者说是荷载位置与影响系数间的关系曲线。

2. 影响线的做法有两种。

(1) 静力法　这一方法求影响线的步骤与求固定荷载作用下结构的内力或支座反力相同。即取隔离体,把所求量(内力或支座反力)暴露出来,利用平衡方程即可求得。当在间接荷载作用时,相邻结点之间为直线,只要求出结点处影响值,再以直线相连即可。

(2) 机动法　以虚功原理为基础,把求取影响线的静力问题转化为某些点移动后的几何问题。具体作法为:在结构中撤去欲求量值 S 相应的约束,代以正方向的约束力 S,此时原结构变为一机构,令与 S 相应的约束有一个正方向的单位位移,此时符合协调条件的位移几何图即影响线图。

3. 影响线的特点。静定结构的影响线都是由分段的直线段组成。

4. 影响线的应用有两方面。

(1) 求该力学量的量值;

(2) 求移动荷载的最不利位置。

5. 内力包络图。包络图是指每一截面上某个内力的最大值的连线和最小值的连线。内力包络有时包括恒荷载和活荷载两种情况;包络图在有活荷载的工程设计中是必要的,且不可或缺。

习题

一、简答题

1.1　静力法作影响线的理论依据是什么?

1.2　机动法作影响线的理论依据是什么?

1.3　梁中同一截面处的不同内力是否有相同的最不利荷载位置?

1.4 静定多跨梁附属部分的内力影响线在基本部分上有何特点？

1.5 简支梁任一截面剪力影响线的左右直线必定平行吗？

1.6 梁的内力图、内力影响线和内力包络图有何区别？

二、求作影响线

2.1 作习题 2.1 图所示悬臂梁 F_{Ay}、M_C、F_{QC} 的影响线。

2.2 作习题 2.2 图所示结构 F_{NBC}、M_D 的影响线，$F_P = 1$ 在 AE 上移动。

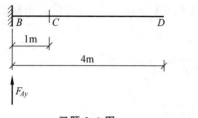

习题 **2.1** 图　　　　　　　　　习题 **2.2** 图

2.3 作习题 2.3 图所示伸臂梁 M_A、M_C、F_{QA}^R、F_{QA}^L 的影响线。

2.4 作习题 2.4 图所示结构截面 C 处 M_C、F_{QC} 的影响线。

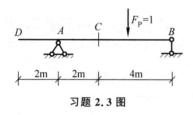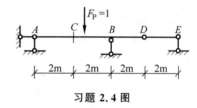

习题 **2.3** 图　　　　　　　　　习题 **2.4** 图

2.5 作习题 2.5 图所示梁 M_A、F_{By} 的影响线。

2.6 作习题 2.6 图所示刚架 M_C（设下侧受拉为正）、F_{QC} 的影响线。$F_P = 1$ 沿柱高 AD 移动。

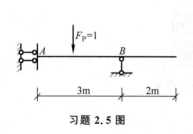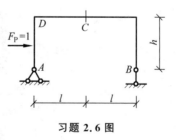

习题 **2.5** 图　　　　　　　　　习题 **2.6** 图

2.7 作习题 2.7 图所示结构 M_D、F_{QC}、F_{QD} 的影响线。$F_P = 1$ 沿 AB 移动。

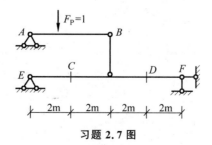

习题 **2.7** 图

2.8 用机动法作习题2.8图所示静定多跨梁 F_{By}、M_E、F_{QB}^L、F_{QB}^R、F_{QC} 的影响线。

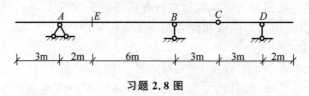

习题 **2.8** 图

2.9 求习题2.9图所示梁在两台吊车荷载作用下支座B的最大反力和截面D的最大弯矩。

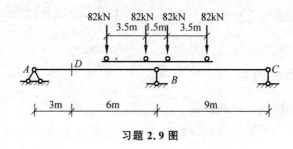

习题 **2.9** 图

2.10 用机动法作习题2.10图所示连续梁 M_K、M_B、F_{QB}^L、F_{QB}^R 影响线的形状图。若梁上有可以任意布置的均布活荷载,请画出使截面 K 产生最大弯矩时的活荷载布置图。

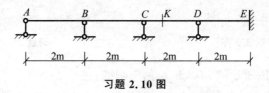

习题 **2.10** 图

第8章习题参考答案

参 考 文 献

[1]　龙驭球,包世华.结构力学教程[M].2版.北京:高等教育出版社,2006.

[2]　文国治,陈名弟.结构力学[M].2版.重庆:重庆大学出版社,2017.

[3]　李廉锟.结构力学[M].北京:高等教育出版社,2004.

[4]　杨茀康,李家宝.结构力学:上册[M].4版.北京:高等教育出版社,1998.

[5]　朱慈勉,张伟平.结构力学(上、下册)[M].3版.北京:高等教育出版社,2016.

[6]　杜正国,彭俊生,罗永坤.结构分析[M].北京:高等教育出版社,2004.